牛津非常短講 013

生物地理學

Biogeography

A Very Short Introduction

馬克・洛莫利諾——著
Mark V. Lomolino
游旨价——譯　游旨价——引言　洪廣冀——系列總引言

目　次

系列總引言

來吧，來認識「周遭」：二十一世紀的環境課

洪廣冀｜臺灣大學地理環境資源學系副教授

《二十一世紀的環境課》包含六個主題，同時也是六本小書，分別是《生物地理學》、《入侵物種》、《火》、《都市計劃》、《人口學》與《冷戰》。這是左岸文化編輯室為台灣讀者精心構思的課程，也是繼《二十世紀的主義們》、《二十一世紀的人生難題》後的第三門課。

《二十一世紀的環境課》的六本指定閱讀均出自牛津大學出版社的Very Short Introduction書系。如書系名所示，這些書都非常短，文字洗鍊，由各領域的中堅學者撰寫，如同進入各領域的敲門磚或拱心石（keystone）。

在規劃《二十一世紀的環境課》時，編輯室聘請優秀譯者翻譯，同時也為每本書找了專業審定者，並請他們撰寫導讀。審定者與導讀者都是一時之選；如《生物地理學》是由《通往世界的植物》、《橫斷臺灣》的作者游旨价翻譯與導讀，《入侵物種》則是中山大學的生物學者顏聖紘、《人口學》是政治大學社會學者鄭力軒、《火》為生物多樣性研究所的生物學家林大利、《都市計劃》為成功大學都市計劃學系的黃偉茹、《冷戰》為中研院近史所的陳冠任。在閱讀《二十一世紀的環境課》六本小書時，搭配這些由名家撰寫的導讀，讀者不僅可以很快進入各書主題，更可藉此思考這些主題與台灣的關係。

我是個環境史研究者，一直在臺灣大學地理環境資源學系開設環境史及科技與社會等相關課程。跟編輯幾次交流，並詳讀她規劃的六本指定閱讀後，我深受啟發，也想把這堂課推薦給各位。

什麼是「環境」？

既然這門課叫做「二十一世紀的環境課」，我想我就從「環境」（environment）這個關鍵字開始。

艾蒂安・本森（Etienne S. Benson）是一位環境史家，目前擔任德國馬克斯普朗克科學史研究所的所長。二〇二〇年，他出版《周遭：環境與環境主義的一段歷史》（*Surroundings: A History of Environments and Environmentalisms*）。當中，他拋出一個很有意思的問題：到底什麼是環境（environment）？為什麼人們不乾脆用「自然」（nature）就好？環境，顧名思義，就是周遭（surroundings）的意思；若是如此，人們是在什麼時候意識到的此「周遭」的重要性？環境是透過什麼樣的科學實作（如觀察、測量、監測）而成為一個人們可以與之互動的「東西」？

本森表示，環境史研究者花了很多時間探討環境主義的起源、自然的含義、不同政治與社會制度對於環境的影響，但他們彷彿把「環境」當成不證自明的「背景」。本森認為，在英文的科學文獻中，環境一詞在十九世紀下半葉大量出現；用來指涉生物（organism）得面對與適應的外在限制。以社會達爾文主義（social Darwinism）聞名的社會理論家赫伯特・史賓賽（Hebert Spencer）便是這樣看待環境。本森認為，這是個值得注意的現象。在史賓賽及其同代人之前，人們會使用「環境」這個字，但少有自然哲學家（natural philosophers，類似今日的科學家）會把這個詞當成一回事。對他們而言，環境就是某種可有可無、邊邊角角的存在。

本森認為，即便環境在十九世紀下半葉大量出現在英文科學文獻中，但此現象仍有其「前史」。他指出，關鍵在於十八世紀末至十九世紀初博物學（natural history）的急遽發展，特別是以巴黎自然史博物館為中心的「功能式」（functional）博物學。此博物學的奠基者為居維葉（Georges Cuvier，1769–1832）。拜拿破崙之賜，當時的法國是個不折不扣的帝國，而巴黎自然史博物館是個為帝國服務、清點帝國究竟掌握多少資源的計算中心。居維葉發展出一種新穎的分類法，即從器官（organ）的型態與彼此的關係出發，探討其功能，說明由器官構成的生物（organism）如何地適應環境。本森指出，即是在此氛圍下，環境再也不被視為背景或脈絡，反倒是生物得去試著適應的對象，且此適應也會表現在器官的型態與器官間的關係上。

事實上，本森指出，英文的環境，即environment，本來就是法文。即便當時的法國人傾向使用milieu一詞，但environment一詞就此傳播開來。他也認為，環境一詞歷經熱帶醫學、生態學、生物圈、系統科學等學科的洗禮與洗練，經歷百餘年的演化後，於一九七〇年代被卡森（Rachel Carson，1907–1964）等生態學者援用，於《寂靜的春天》（*Silent Spring*，1962）等暢銷書中賦予更深遠的意義。時至今日，當我們提到環境時，我們不會認為這只是個背景或脈絡，反倒是與生命緊密相連、息息相關的「周遭」。此「周遭」包覆著人與其他的生命；有了此「周遭」的存在，人與其他的生命也彼此相連，形成環環相扣的整體。

六個子題

《二十一世紀的環境課》共有六堂課，每堂課都有一本指定閱讀。透過這六本書，我們可以掌握環境一詞的歷史演變：在面對當代環境議題時，我們也需要具備的概念與實作技巧。

第一門課是《生物地理學》。生物地理學是一門探討生物之空間分布的學問，為理解演化生物學與生態學的鑰匙。人們一度相信，物種之分布呈現造物者的「計畫」；在此視野下，物種與環境如同造物者的棋子與棋盤。生物地理學的興起挑戰這樣的見解。當造物者逐漸隱身的時候，就是環境與物種的「能動性」浮現於歷史舞臺之時。我們將探討當代生物地理學主要取向與研究方法，也會了解當代生態保育的核心概念與手段。

第二門課是《入侵物種》。為何某些物種會被視為「入侵」？在本堂課中，各位將學到，「入侵物種」不是個不證自明的類別，既牽涉到人類之於特定生態系的破壞、眾多政策的非預期後果、商業與貿易網絡的擴張等。要了解什麼是入侵物種，並進而防治它，減低對特定生態系的危害，我們得同時採用生態系經營的視野，輔以人文社會科學的分析與政策工具。「入侵物種」同時也帶出當代環境倫理的思考。到底哪些物種算是「原生」，哪些又是入侵？若遷徙與越界本來就是生命的常態，我們該如何劃下那條分開原生與入侵種的界線？到頭來，這些議題都牽涉到，同樣為生物體的人們，究竟活在什麼樣的環境中，且如何照料與我們同處在同一個環境中的非人物種，反思我們與這些非人的關係。

第三門課為《火》。火是一種能量的形式，是人類得以打造文明的開端，同時也是對人類文明的莫大威脅。火本身乃至於火營造的環境，同時也是眾多生靈得以落地生根的關鍵因素。人乃至於其他生物與火的關係為何？火之於特定生態系的作用為何？人該如何駕馭火，該駕馭到什麼程度？太陽是團火，生命其實也如同火；因人類活動而誘發的氣候變遷，也開始讓地球如同著火般地燥熱。環繞在火而展開的「火成生態學」、「火成多樣性」與氣候變遷生態學，是當代環境管理的新視野。這門課將帶領各位一窺這些新興領域的堂奧。

第四門課為《人口學》。論及環境思潮的發展，十九世紀中葉的「達爾文革命」是個重要的分水嶺。然而，少為人知的是，在提出演化論時，達爾文重要的靈感來源為英國政治經濟學者馬爾薩斯的人口學。馬爾薩斯的見解很簡單：人口是以等比級數增長，糧食則為等差級數，即糧食的稀缺是必然的，人口也必然面臨貧窮與饑荒等危機。二戰後，當環境學者在思考該如何保護環境時，「人口炸彈」同樣為重要的參考對象。換言之，人口學與環境科學可說是一枚銅板的兩面。

這是為什麼我們得多了解一些人口學的核心概念與研究方法。在本堂課中，我們會學到人口轉型理論的梗概、高齡化社會的挑戰、移民、世代公平等議題。人口結構涉及面向之廣，從社會、文化、經濟、科技至氣候變遷，都與人口學息息相關。我們也將學到，人口學處理的不是只有數據，得出的結果也不是只有繪製人口金字塔；如《人口學》一書的結論所示：唯有正視人口結構與地球資源的限度，我們才能規劃與期待更為公義與永續的未來。

第五門課為《都市計劃》。隨著人口增加與工業發展，都市成為人類生活的主要環境。與之同時，都市生態學者也告訴我們，都市也成為眾多野生動物的棲地。在二十一世紀的今日，郊狼不只出沒於沙漠與山區，更活躍於中央公園、芝加哥與洛杉磯等大都市。當代的都市計劃已不能只針對人，還有各式各樣的非人物種。但要如何著手？若都市並非全然「不自然」，反倒是人為與自然交會的複合場域，我們要如何重新思考都市、都市的生活韌性與空間正義等議題？《都市計劃》帶領讀者回溯這個學科的起源與發展，同時也為如此介於自然與人為、集結人與非人的新都市，提供了可能的規劃視野。

第六門課為《冷戰》。我們迎來《二十一世紀的環境課》的最後一課。狹義地說，冷戰係指一九四五年二戰結束後，美國與蘇聯在政治體制、經濟模式、價值觀與意識形態上的深層對抗，這場衝突雖然未全面爆發為熱戰，卻長達近半世紀，深刻地形塑了全球局勢的樣貌與分布。藉由閱讀《冷戰》，我們將學到，冷戰不只是兩大陣營之間的軍事與外交對峙，更是一場全面滲透政治、經濟、文化與科學領域的「地球尺度」之戰。透過氣象衛星、全球監測網絡、糧食技術、人口政策等手段，美國與蘇聯試圖在各地建立其秩序與影響力。環境治理、資源開發、甚至公共衛生與教育制度都成為意識形態較勁的延伸場域。

事實上，正是在冷戰的氛圍中，「環境」一詞被賦予了今日我們熟悉的意義。若沒有冷戰誘發的軍事與太空競賽，我們難以從太空中望著地球，在感嘆這顆藍色星球是多美的同時，焦慮著這個乘客數量急速爆炸的太空船，是如此的岌岌可危。環境研究者也不會有諸如同位素、地理定位系統（geographical positioning system, GPS）等工具，以超越人類感官的精細度，探索超越人類可以理解的龐大環境，並建構當中的運作機制。當代對環境的認識可說是某種「冷戰遺產」；雖說冷戰已經遠颺，但各式各樣新型態的戰爭（如資訊戰）卻彷彿成為人們的新日常。我們需要新的環境見解；回望冷戰與冷戰帶動的社會、經濟、文化與生態變遷，是二十一世紀環境課的結束，同時也是我們掌握下一個世紀的起點。

認識周遭

從《生物地理學》至《冷戰》，《二十一世紀的環境課》的六門課程環環相扣，直指環境是什麼，如何從原本的「背景」、「脈絡」與「周遭」演化為我們現在理解的環境。你或許會說，我本身是學人文社會或自然科學的，到底為什麼需要修這堂「環境課」？對此，容我回到環境這個詞的原意：周遭與包圍。

為什麼我們需要關注環境，環境一詞又如何脫穎而出，成為當代世界的關鍵詞？關鍵或許在於人想要了解自己的渴望。當我們了解周遭的山岳、河川、空氣、森林、動物與植物等，不再是位於某處等著我們去「發現」或「征服」的「自然」，反倒是一床輕薄的棉被，包裹著我們，我們自然而然地想要珍惜它，回味它為身體帶來的觸感，乃至於那種被抱著的親密感。我們也會想問，這個被環境包裹著的你我，究竟是什麼樣的存在。我想起了地理學者喜歡講的一則希臘神話。Chthonia是大地女神，嫁給了宙斯。在迎娶Chthonia時，宙斯將一塊他親自織成的布（pharos）披在她身上。這塊布上繪有陸地與海洋的圖像，而Chthonia也在這過程中逐漸成形，成為孕育陸地與海洋萬物的身體。她從原初的未定形狀，化為大地與生命的來源，最終轉化為蓋婭（Gaia），也就是萬物之母。

地理學者愛這個故事，因為這塊pharos後來有個正式名稱：mappa mundi，即世界地圖。

根本上，這是個發現土地、認識土地的故事，而這個過程需要地圖，同時也產製了更多地圖。期待《二十一世紀的環境課》可以是這樣的地圖。你不是按圖索驥地去發現環境，因為環境就不是躺在某處、等著你去發現的「物」。如同宙斯的pharos，這六冊書讓你想認識的環境有了更清楚的形體，讓你得以在當中徜徉與探索。當你歸來時，你將感到環境離你更近了一些，成為了你的「周遭」。你雀躍著，你想念著一趟趟旅程為你帶來的啟發，開始規劃下一趟旅程。

引言
島人必修的一堂生物通識與地理課
為什麼討論「生物地理學」對台灣很重要？

游旨价｜《橫斷臺灣》作者

生命從何而來，又將往何處去？自古以來，人類一直在追問這個永恆的課題。隨著DNA技術的出現，當代科學家能夠從遺傳資訊中推斷出生命之樹，為各物種確定其起源與親緣關係。然而，在DNA分析技術誕生之前，人們又是如何理解生命間的關係和探尋生命起源的呢？

那是一段漫長的歲月，關於生命與人類起源的假說層出不窮，有時候多元並存，有時候只存在一種權威說法。但無論哪個時代，人們總是從身邊的其他物種歸納推理，或從所在的地理環境中尋找線索，我們的先祖對家園地貌、海域中的可食植物、獵物以及其他自然資源的分布瞭如指掌。在遙遠的島嶼或廣闊的大陸上，他們必須認識當地自然環境的特點以維持生計，而這些知識正是生物地理學的最初雛形。為何特定的物種只會出現在某個地方？對我們的先祖而言，這類問題關乎生存。

本書作者，洛莫利諾教授過去四十年來一直致力於撰寫生物地理的教科書，此次在牛津大學出版社的非常短講系列中，他拋開教學式的寫作，以俐落而優美的筆觸向普羅大眾科普生物地理學的發展與重要性。他希望藉此重新揭示我們日常生活、文化與生物地理學間的深厚淵源。相比教科書，此版《生物地理學》的一大特色在於，教授在各章節中穿插了多位重要科學家的生平和其所處時代的背景，從而重現了學科發展的人文脈絡。他更以世界各地生物多樣性的奇觀喚起我們對世界地理、芸芸眾生的好奇心，彷彿喚醒了童年時環遊世界的夢想。

洛莫利諾教授在《生物地理學》開篇便強調，地球上的生命多樣性猶如萬花筒一般燦爛且變化多端，但唯有將生物多樣性放在明確的地理脈絡中審視，這些變化才具有真正的意義。什麼樣的地理脈絡？教授認為，進入生物地理學的世界，首先需要具備「全球視野」——也就是從整體上審視地球。實際上，地球表面並非一幅靜止的畫作，而是一個充滿動態變化的舞台，各種地質過程（如板塊構造、火山活動和侵蝕作用）與氣候條件交織作用，共同塑造了生命的多樣性，其中也包括我們人類物種的起源與遷徙歷史。透過這種「全球視野」，洛莫利諾教授致敬了洪堡跨領域的科學觀——真正了解地球的人，必定不會認為僅靠單一學科就能揭開地球奧祕。教授願我們能反思當今科學各分野日益細化的現狀，認真回顧這種趨勢是否真的有助於我們對自然世界的探索。

另一方面，洛莫利諾教授指出，探索生物地理學還必須得從一個令人意想不到的角度切入——「島嶼視野」。在人類數千年累積全球生物分布知識之後，近代科學家如達爾文和華萊士發現，解開繁複生物分布之謎的關鍵，在於將世界拆解成一座座島嶼。雖然在我們成長過程中，島嶼常被形容為資源貧乏、視野狹窄的地域，但從生物地理學的角度來看，島嶼是構成生物分布模式的基本單位。島嶼的確存在局限，但局限之中卻已包含我們需要知道的所有可能。從加拉巴哥群島到馬來群島，從夏威夷群島再到馬達加斯加島，教授逐一解析了科學家如何利用島嶼的隔離效應來研究生物的「遷徙」與「特化」問題。他引領我們發現，島嶼視野其實無所不在：例如，高山山頭因與低海拔地區生態環境截然不同而被孤立，猶如一座島嶼；同樣，作為寄生蟲棲息場所的宿主，也可視為一座微型島嶼。這些不同尺度的「島嶼」，正是探究生命與環境交互作用的天然實驗室。

生在台灣，我們天生就具備島嶼視野。儘管生物地理學在台灣尚未廣為人知，但我始終堅信，生物地理學是每個台灣人必修的一門生物與地理通識課——我們只是缺少一本好書、一位大師為我們指路。台灣為何孕育出如此高比例的特有物種？南島語族又為何揚帆出海、探尋太平洋深處的未知陸地？這些問題都蘊含著生物地理學的智慧。甚至不同族群如何遷徙至台灣、在資源競爭與人口變遷中演進，最終形成今日多元社會的過程，也能從生物地理學中找到答案。

也許你曾試圖了解物種的演化與起源，但因知識隔閡而半途而廢。這次，不妨再給自己一次機會，因為以前的你可能尚未意識到，探究生物的演化，其實需要借助「地理學」的思維。從本書開始，你或許將展開一段意想不到的學思之旅：從生物的地理分布出發，話題可以延伸到地緣政治、野生動物保育及人口經濟等各種預期之外的領域。如果你喜歡賈德．戴蒙的《槍炮、病菌與鋼鐵》，那麼你應該也喜愛這本《生物地理學》。翻開這本書，跟隨洛莫利諾教授的指引，一同探訪生物地理學裡的宏觀台灣！

章節導航

如果你想知道：什麼是生物地理學？生物多樣性是如何與地理學相遇的？請看第一章生物的多樣性與自然地理。

如果你想知道：今昔地球之間有何差別？是什麼非生物因素與生物因素主宰了生物的分布？請看第二章動態地球以及動態地圖。

如果你想知道：島嶼、海洋盆地或湖泊這類地區是如何成為演化的舞台，孕育出獨特的生物相？請看第三章物種多樣化的地理學。

如果你想知道：生物學家是用什麼方法重建出生物地理演化的歷史，請看第四章追溯生物跨越時空的演化。

如果你想知道：島嶼為什麼是生物地理分布的基本單元，請看第五章生物多樣性的地理學。

如果你想知道：科學家找出隱藏在島嶼系統裡的島嶼法則，請看第六章巨觀生態學與微觀演化的地理學。

如果你想知道：我們智人這個物種的生物地理學。請看第七章人類在地理及生態方面的演進。

第一章

生物的多樣性與自然地理

究竟是什麼力量構築了自然世界？對試圖解答這個問題的人來說，其中一個關鍵是生物多樣性。在他們眼裡，生物多樣性像是令人著迷的靈感來源，卻同時也是一個令人生畏的繁複存在。生物多樣性所代表的是一種涵蓋細胞、個體，乃至整個群落所有生命特徵變化的複雜模式。而那些總在試圖為它尋找一個簡單解釋的人，顯然沒有意識到這樣做的矛盾之處。要知道，生物多樣性源自這顆星球上各類生命所經歷的數十億代生態與演化過程。生物多樣性是地球，這個我們已知宇宙裡最複雜的自組織系統（self-organizing system）的產物，因此，它的形成可能根本沒有簡單的解答。

歷史上，人們關於生物多樣性及其形成過程的重要見解，往往來自於將自然現象置於地理脈絡進行觀察與研究。從啟蒙時代的亞歷山大・馮・洪堡，到十九世紀的博物學家與地質學家，例如查爾斯・達爾文和阿爾弗雷德・羅素・華萊士，再到當代的科學家如愛德華・奧斯本・威爾遜和詹姆斯・漢普希爾・布朗，他們在探索地球上生命形式變化的過程中，無不深刻領悟到地理因素所提供的寶貴線索。

他們的觀點同樣適用於古代文明。古人的生存深深依賴於他們對家園中地貌、海域中可食用植物、獵物，以及其他自然資源分布的理解。不論是在故鄉的家園，還是在遙遠的島嶼或大陸，他們都需要充分認識在地自然的特性以維持生計。此外，不同時代的文學作品也都曾探討地方的獨特性。例如，荷馬在作品中描繪尤里西斯於地中海異國島嶼旅行時，每個島嶼都擁有各自獨特而神祕的動物群落。而葛楚・史坦（Gertrude Stein）則以一句經典名言「彼處無他方」，深刻表達了她對加州家鄉奧克蘭因都市化擴張而失去原有獨特風景、聲音和氣味的哀嘆。

在地質科學領域，威廉・史密斯（William Smith）是開創地質學的先驅。他透過研究大不列顛地表下的岩石和化石層，發現地質構造是經由連續堆積的過程所形成的。史密斯之後，阿爾弗雷德．洛塔爾．魏格納（Alfred Lothar Wegener）提出板塊構造理論，這是全球尺度上的第一個地殼演變模型，被譽為二十世紀最偉大的科學發現之一。魏格納利用他對不同地質數據卓越的分析能力，從觀察不同地理尺度下的岩石形態、化石及其他物質的變化，猜測大陸會隨著時間推移而漂移。他的假說暗示了地球表面是由巨大的板塊所構成的，而這些板塊自地殼首次形成以來，便一直處於持續的移動與演化之中。

可以說，地質的動態歷史從根本上影響了地球上所有生命形式的演化，這與生物多樣性、本書主題以及生物地理學這門學科息息相關。就像演化生物學者（同時也是東正教基督徒）的費奧多西．多布然斯基（Theodosius Dobzhansky）在一九七三年所說過的：「生物學若沒有演化論，它將變得毫無意義」。生物地理學則進一步主張，唯有在地理脈絡下檢視生物多樣性那如萬花筒般的變化模式，這些變化才具有真正意義。特有種為何只出現在某地？它們如何，又為何會在不同地點產生不同的形態與遺傳的變異？各類生物的祖先來自何處？又是如何傳播到世界各地的？哪裡是生物多樣性的熱點？哪裡又能找到當今最稀有、最奇特、最獨特的生命形式？我們應如何利用地理學的見解，來制定具體有效的全球保育策略？所有這些問題都是生物地理學考慮和在意的事。丹尼斯・麥卡錫（Dennis McCarthy）在《此處有龍出沒》一書中曾說：「生物地理學曾經只是最聰明的人獨享的知性美饌，但如今，它不該繼續在公眾間默默無名，而是該與文學和歷史並列，成為真正開明教育中不可或缺的元素。」

全球化的自然科學

近年來，科學家逐漸加深了對早期文明具備的科學知識的理解。這些知識大抵都是基於對當地動、植物和自然環境的觀察紀錄，其詳細程度有時甚至超過了現代的自然科學家。由此可見，這些傳統知識對早期文明的存續十分重要。這些傳統知識包含了如何識別數百種人們賴以為生的物種，以及獲取生存必需品的寶貴經驗，它們不僅是數千年文明累積的智慧結晶，同時也是天擇的產物。雖然大多數的傳統知識都是在地的，但若將各地經驗串連起來，它整體涵蓋的內容也足以構成一門現代學科。

若以山地文明為例，其傳承的傳統知識將山坡切割成一系列井然有序的生物棲地，每個棲地裡都有獨特的植物、獵物和其他天然資源，並依據棲地類型準確預測未知山坡上，生物資源的分布情況。另一方面，沿海地區的文明，則掌握著海洋生物變化的豐富知識。從淺水區到開放水域，他們熟知其間潮汐與季節的變化規律，在最佳時機進行收獲，也懂得利用這些規律來有效管理、維護這些天然資源。

而在如玻里尼西亞人這樣的海洋島嶼文明裡，人口擴張與資源競爭的壓力促使人們不斷向新的群島和區域探索，並在過程裡發展出一套關於島嶼生物多樣性的複雜知識體系。這套知識體系對海島文明的存續至關重要，它本身也隨著文明擴張的過程不斷拓展。人們逐漸發現，個別島嶼的在地經驗其實也適用在更大的地理範疇底下。海洋島嶼文明對島嶼生命的許多觀察與現代島嶼生物地理學裡的生物模式不謀而合。譬如，較大的島嶼系統通常擁有更高的動植物多樣性，而較孤立的島嶼雖然物種數量較少，卻常能發現獨特的新物種。而足跡遍及大洋深處的玻里尼西亞人可能早就明白，即便不同的島嶼在氣候和環境條件上相似，但其生物相的組成仍會有所不同。

早期文明對自然世界的傳統知識源遠流長，極富啟示，不僅幫助現代人更加全面地認識自己與自然界互動的歷史，同時也是生物地理學、演化學和生態學等自然科學的基石。然而，要將這些由不同文明發展而來的傳統知識凝聚成一門真正的生命地理學，還需要兩個觀念上的突破。首先，必須將這些關於自然的認識和理解，從局部層面擴展到區域乃至全球層面，確保知識的廣度和適用性。其次，我們需要建立一個生物地理學的理論框架，用來指引未來研究的方向、整合各領域的進展。只有如此，我們才能真正將分散的傳統智慧轉化為一門有系統、跨領域的學科。

自然圖繪——洪堡的自然全敘事

亞歷山大・馮・洪堡（Alexander von Humboldt）是歷史上最傑出、富有遠見的跨領域科學家之一。他對於人類所有心智活動的整體見解，包括哲學、藝術、政治學、政府管理都可謂無與倫比。儘管生在啟蒙與哲學盛行的十八世紀，洪堡對於自然科學這個仍處在關鍵奠基時期的學科也有著深刻的見解。洪堡的著作，尤其是他在南美洲熱帶地區的旅行記述，是十八世紀末至十九世紀初歐洲知識分子的必讀書目。查爾斯・達爾文、阿爾弗雷德・羅素・華萊士，以及其他許多剛剛嶄露頭角的博物學者，都因為洪堡的作品，踏上通往遠方的冒險，以求揭開自然世界的奧祕。

有意思的是，回顧科學發展史，洪堡其實沒有任何劃時代的單一發表或成就，他對科學帶來的深遠影響，主要體現在一種觀測自然世界的方法體系。洪堡將其稱為「Naturgemälde」（自然圖繪）。究其一生，洪堡都在貫徹自然圖繪，教導當時的博物學家與科學家以綜合的視角來觀察與描述自然世界，將其視為一個萬物皆相互連結的現象綜合體。他堅信，唯有如此考察自然現象，才能真正理解、探索自然的全貌。洪堡利用自然圖繪為厄瓜多的欽博拉索山所繪製的《體質表》（*Tableau physique*，圖1），不僅是生物地理學發展早期的研究典範，也是這門學科核心精神的早期實踐。洪堡悠遊在不同地理尺度間（從地方到地域）尋找細節的能力透過體質表一覽無遺。他利用體質表向人們展示不同海拔、地域的生物分布，以及生物分布與特定的環境因素間的關聯。

洪堡在自然科學奠基時期的開創性影響，使他贏得後世許多不同領域科學家的尊敬，紛紛奉其為先驅或開創者。這些學科包括火山學、海洋學、人類學、考古學、氣象學、地質學，以及與本書密切相關的植物地理學。

洪堡的體質表被視為生物地理學的經典案例，它有力的詮釋並反覆地將生物地理學的核心論述展示在我們眼前。尤其是當面對生物多樣性中某些最複雜且令人困惑的觀察時，體質表深刻地提醒我們，只要將這些觀察置於明確的地理脈絡之下，對應的解釋就會呼之欲出。地理學是洪堡在體質表裡用來整合氣候、土壤、動植物和人類影響的框架，甚至，我們可以說，透過地理學宏

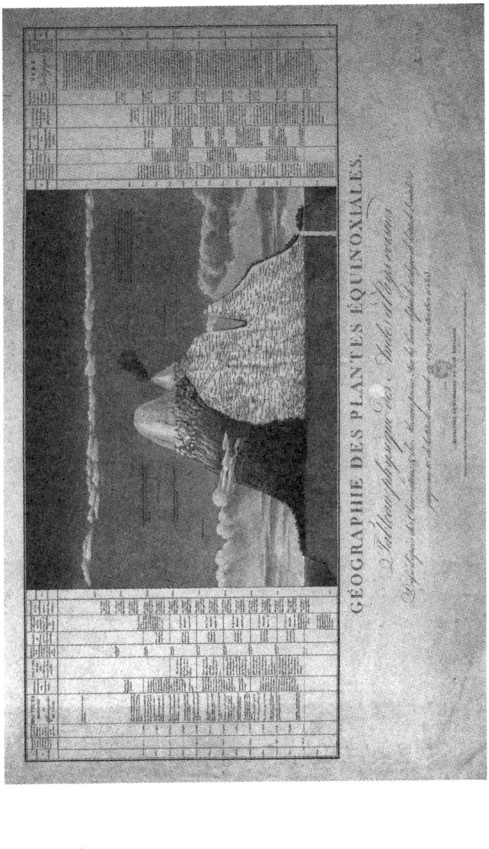

圖1｜亞歷山大・馮・洪堡於1805年所繪製的《體質表》，展示了他對自然的整體性視角，並呈現出在厄瓜多欽博拉索山的海拔梯度上，各種相互依存的環境和生物因子如何隨高度變化。圖中左右兩側的欄目列出了多項因素，包括海拔高度、山脈從海上可見的距離、雷現象、天空的藍度、濕度、溫度、此高度下的氣壓和空氣的化學成分、光的強度、此高度下水的沸點、特定植物和動物的分布範圍，以及土壤的耕耘情況。

觀的視角，洪堡成功地將形塑欽博拉索山上，不同海拔生物分布的基本生物和非生物機制展示出來。

地理學與演化論帶來的啟悟

洪堡留給世人的印象是他卓越的行動力與對多元視角的追求。他的研究方法啟發科學史裡許多重要人物。他們以類似洪堡的方式探索自然世界的動態與複雜性，並從中獲益，揭示了諸多重要的科學發現。在十八或十九世紀，這類學者的研究範疇涵蓋地球上的各種自然現象，被稱為「地質學家」。洪堡並不支持學科的專門化，但如今地質學與生命科學卻是兩個分開的學科，他若地下有知，可能會不太開心。說來，現代地質學裡頭一些重要的發現，其實正是洪堡這類「博物學者」的研究成果，而不是現在我們所說的地質學者。在博物學者眼裡，岩石結構或化石在地層裡的組成變化僅是他們對自然世界廣泛興趣中的一部分。

洪堡富裕的家境與貴族出身，使他與威廉·史密斯，這位科學史上另一位重要人物的人生產生鮮明的對比。儘管長期處於負債與貧困的狀態，但史密斯對自然世界運作方式的宏觀洞見，仍為看似慘澹的人生注入閃耀的光芒。在為礦場和運河機構進行勘測的過程中，史密斯詳細記錄並觀察了岩石和化石的型態與組成特徵，並將這些在地觀察置於一個明確的地理脈絡下加以解讀。他的研究與洪堡的體質表有些差異，體質表主要展示的是海拔梯度的變化，而史密斯所記錄的是整個大不列顛島的地表與地底空間。他是描述特定岩層的排列順序，以及這些排列如何在地表彼此對應，進而依此重建出這些岩層形成時序的第一人。他還破天荒將這個突破性的成果以視覺化方式將其呈現在一幅巨大地圖上。這張地圖尺寸達到74英寸乘105英寸，被後人稱為「改變世界的地圖」（見圖2）。

將複雜的自然現象置於明確的地理背景中來理解，往往能為人們帶來啟發性的洞見。在這方面，十九世紀初至中葉間的查爾斯・達爾文、十九世紀稍後的阿爾弗雷德・羅素・華萊士（Alfred Russel Wallace），以及二十世紀的愛德華・奧斯本・威爾遜（Edward Osborne Wilson），都是代表性人物。其中，達爾文和華萊士分別獨立提出

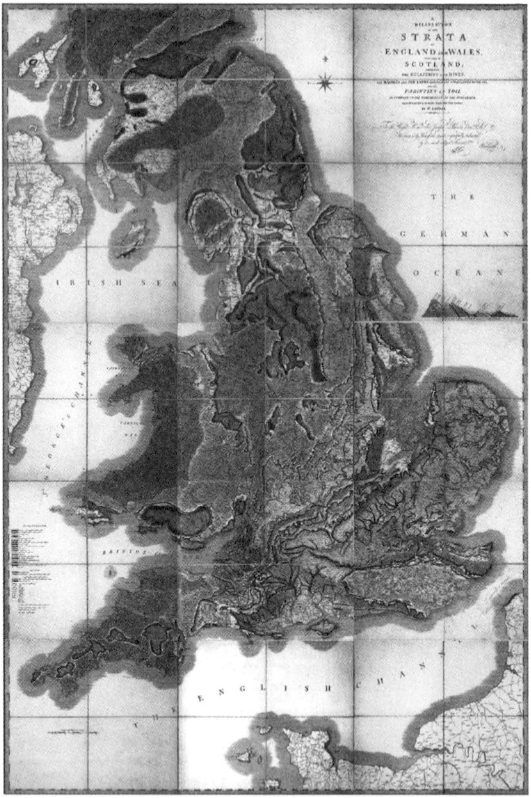

圖2｜威廉·史密斯的「改變世界的地圖」，展示了大不列顛島上岩層的水平和垂直分層關係，以及隨時間變化的沉積序列。由於大不列顛島的地殼是沿著西北向東南方向逐步抬升並受到侵蝕，因此在這張具有里程碑意義的地圖中，最古老的岩層位於左上角。

了演化論和天擇假說。據說，達爾文的繆思源自某次不小心將標本弄亂的經歷。他在加拉巴哥群島採集象龜標本時，不小心將來自不同島嶼的個體混合在一起。然而，當地居民卻能根據龜甲上的特徵，準確辨別它們的原生島嶼。這項發現引發了達爾文一系列的思考。每座島嶼的地理隔離、獨特的環境條件和擇汰壓力，使得每座島上的生物必須適應各自的生存挑戰，最終導致不同島嶼上的生物形態出現演化上的差異，例如龜甲形狀的不同。

另一方面，華萊士和E.O.威爾遜的研究為生物地理學奠定了重要基石。華萊士被譽為動物地理學之父，他在一八七六年首次發表的一幅地圖，深刻改變了生物地理學的面貌。

華萊士一直深受洪堡啟發，希望成為一名自然探索者，於是他青年時期毅然決然前往南美洲熱帶地區收集蝴蝶和鳥類的標本，但這趟最初的探險並不順利。由於運送標本的船在加勒比海遭遇海難，華萊士失去了全部的珍貴標本。儘管面臨這樣的重大挫折，年輕而堅韌的華萊士並未放棄，他將這場災難化為契機，開啟了一段改變人生的旅程。他隨即展開對馬來群島（即今日的印尼）的探險，並在這片群島上探索了大約八年，記錄和描述了許多嶄新的植物與動物類群，研究它們在不同島嶼間的形態與分布變化，從中收獲諸多重要的啟發。這些洞見不僅使他獨立提出了自然選擇的進化理論，還揭示了生命如何隨時間和空間演化的眾多其他規律。

相較於達爾文對演化的廣泛興趣，華萊士的研究重心更聚焦於自然地理的變化及其背後的驅動機制。他在動物地理學領域的卓越貢獻，使他被尊為動物地理學之父。他於一八七六年首次發表的一幅地圖徹底革新了生物地理學，至今仍廣為使用。受早期地質學家和博物學家的觀察啟發（他們注意到不同大陸上的生物群落明顯不同——這是生物地理學的首要原則），華萊士意識到，每個區域都是一個獨立的演化舞台，每個區域在隔離條件下，隨其演化歷史和特有的生物譜系，孕育出獨特的動、植物群落。類似於威廉·史密斯的經典範例，華萊士最廣為人知的貢獻之一是一幅全球性的地圖，該圖展示了世界上不同動物譜系的演化分區（「動物地理區域」，見圖3）。雖然在隨後的數十年間，現代生物地理

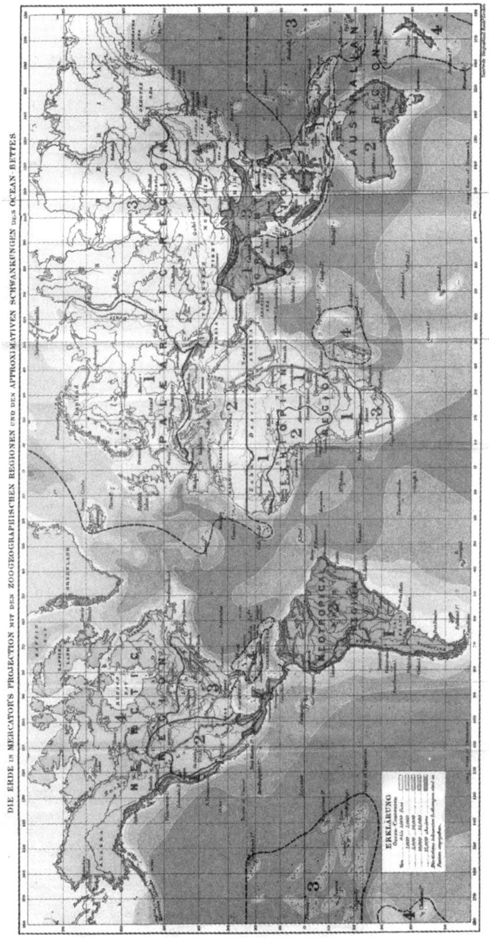

圖3｜阿爾弗雷德・羅素・華萊士於1876年繪製的世界動物地理分界圖，展示了各區域的分層結構，並標示出隔離這些演化地理區的主要地形屏障。圖中主要的演化地理區包括：近北區（北美洲和格陵蘭）、新熱帶區（南美洲）、古北區（歐洲及中亞至北亞）、衣索比亞區（撒哈拉以南的非洲及馬達加斯加）、東方區（印度、東南亞至峇厘島的印尼群島）以及澳洲區（龍目島以東至新幾內亞、澳洲、塔斯馬尼亞、美拉尼西亞、密克羅尼西亞及紐西蘭）。

學家不斷改進華萊士的開創性地圖，並將其應用範圍擴展至植物及其他多樣化的分類群，但華萊士對世界生物演化分區的創見仍深刻影響著我們對生命如何隨空間與時間演化的理解。

另一方面，E.O.威爾遜的研究則展示了生物地理學如何以巨觀視角解釋生物多樣性的模式。E.O.威爾遜可以說是二十世紀最具影響力的生物學家之一，他開創了螞蟻系統學、分布模式和生態學的研究，提出了動物行為與演化的綜合理論——社會生物學，並參與了島嶼生物地理學理論模型的開發。他還普及了「生物多樣性」這個術語，並成為保育生物學這一新興領域的倡導者。威爾遜明確指出了生物地理學、生態學和保育生物學之間的緊密聯繫。他曾說：「廣大的熱帶群島為華萊士提供了必要的知識，幫助他構建了生物地理學這門學科，而到了二十世紀末，生物地理學已發展成為生態學和保育學的基石之一。」

威爾遜最具遠見和綜合性的洞見之一來自他描述美拉尼西亞群島螞蟻物種分布的系列地圖（這些群島位於新幾內亞和澳洲以東）。在其一九九四年的著作《博物學家》中，威爾遜回憶道：「一九五九年一月的一個早晨，我坐在一樓辦公室裡……整理新繪製的地圖，試圖將它們按可能的演化順序排列——從早期演化到後期演化……那時，我意識到自己可能已發現了一個新的生物地理學原則。」威爾遜的新原則即為「**分類群循環理論**」（Taxon Cycle Theory）。該理論描述了一個特定物種從首次拓殖一個島嶼，到最終滅絕並被新的移入譜系取代的過程，以及其在生態、演化和生物地理上的意義（詳見第五章）。

生物地理學的重要模式、機制與原則

生物地理學的原理與其地理分布模式密切相關。然而，關於科學家是如何從生物地理模式中推斷出基本原則的？這個過程甚少得到人們的關注。早期博物學家與探險家的觀察經常被詬病帶有他們自己先入為主的偏見，而現代生物地理學的概念框架（假設、預測、理論和基本原理），正是對這些主觀觀點進行反覆評估和修正而逐漸形成的。正如我常對學生所說，實證觀察非常重要，但一門學問若只有觀察沒有理論和法則做為基礎，這門學科的發展就會像在林中隨意漫步之人，終究只會撞到樹木而無法找到前進的方向。

不過，這裡要說一個可能會讓人驚訝的事實，其實生物地理學的基本法則及模式的發現遠早於二十世紀E.O.威爾遜提出的理論，甚至可能早於十九世紀的洪堡和後來的華萊士等人。此外，這個學科的第一個法則並非來自對當時流行觀念的擁護，而是源於對當時流行成見所採取的反抗態度。

喬治・路易・勒克萊爾・布豐伯爵（Georges Louis le Clere Comte de Buffon）與卡爾・林奈（Carolus Linnaeus）是同時代的人物。生於十八世紀的兩人都認為科學僅是一種用來探索和理解造物主設計地球的方法。當時人們對自然的普遍看法是，所有生命形式都完美地適應了它們所處的環境，因此相似環境的地區應該會棲息著相同的物種。然而，布豐卻是第一個對這種觀點說不的人。做為一位博物學者和探險家，他的立論基礎來自於他對不同區域間生物群獨特性的系統性觀察。他曾以南美洲與非洲熱帶地區為例，說明儘管都是熱帶地區，但兩地哺乳動物和鳥類群落的組成彼此不同。布豐的論述很快就被其他探險型博物學者在其他生物類群與生態系中驗證。

布豐昔日的考察成果如今已成為布豐定律：儘管擁有相似的環境條件，但在不同地區卻會生長或棲息著不同種類的生物。做為現代生物地理學的一個重要法則，布豐定律明確地提醒我們去留意、觀察地表上不同區域的獨特性。受此原則的啟發，人們開始去探索自然世界裡的各種交互作用及其背後的驅動機制，並利用這樣的整合視角去解釋為什麼地球上每個區域都可能是獨特的生物演化舞台。最終，布豐定律為生物地理學提供了全新的視角，揭示生物類群如何在特定地區演化，並逐步擴散至其他區域。它也說明了物種如何適應或入侵新的環境，以及生物多樣性如何受到滅絕的負面影響。

布豐定律進一步引導我們理解生物地理學的三大機制：**演化**、**擴散（遷移）**與**滅絕**。在生物地理學裡，這三種機制共同塑造了不同時空尺度下的生物多樣性模式，並決定了物種的分布格局。無論是區域性的物種豐度，還是全球範圍內的生物群落演變，都可被視為這三大機制交互作用的結果。儘管自然界中還有其他因素或機制影響地球上生物的分布與多樣性，但這些影響的程度，仍取決於它們如何改變物種與譜系的演化歷程。此

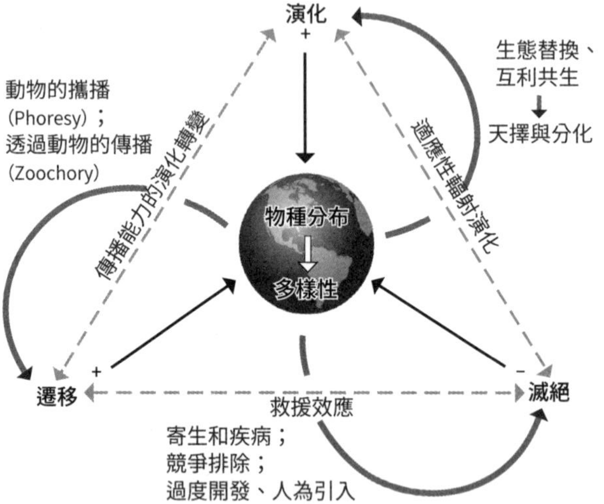

圖4｜生物地理學的概念模型。本圖展示了生物地理學的三個基本過程（拓殖、滅絕和演化）之間的關係。這些過程要麼是單方面的直接作用（實線直箭頭），要麼是相互作用（虛線箭頭），或受到物種間相互作用的影響（曲線箭頭），從而形塑出特定物種的分布，乃至於所有生命的地理分布模式。動物攜帶傳播（攜播）和動物傳播各自描述了小型動物通過大型動物，以及植物通過動物進行傳播的過程。

外，這些因素也影響物種及其後代向其他地區的擴散能力，以及決定物種在面臨滅絕前能存續多長時間。

生物地理學的三大基本機制揭示了一個關鍵概念：要完整理解生物地理學的理論框架，必須同時考量系統的複雜性。這一點可從圖 4 的模型中清楚看出，該模型顯示生物系統是科學研究中最為錯綜複雜的系統之一。這種複雜性不僅來自於物種經過數百萬代的演化、遷徙與滅絕所塑造的歷史，還因為這些機制的影響範圍廣及各個層級——從局部環境到整個大陸，甚至涵蓋整片海洋盆地。此外，這些過程在不同的時間與空間尺度上，始終受到生態反饋的影響，使其更加動態與多變。具體而言，物種不僅是這些基本機制的結果，它們還會透過競爭、掠食、寄生與互利共生等生態交互作用，進一步影響其他物種的演化、擴散（遷移）及存續與滅絕的過程。這些交織的相互作用，使生物系統的運作更加錯綜複雜，也突顯了生物地理學研究的挑戰與深度。

自然實驗和比較方法學

生物地理學者在探索自然時，往往高度依賴視覺化工具，特別是在學科發展的早期階段，地圖是呈現生物地理學發現的關鍵方式。透過地圖，科學家能夠直觀地描繪物種的分布範圍，並辨識不同地區的生物多樣性模式。隨著生物地理學的進展，研究者開發出更多元且創新的視覺化方法。例如，現代地理資訊系統（GIS）整合了電腦技術與統計分析，使科學家能夠更精確地檢測和分析生物地理變異的假說。這些技術不僅提升了數據處理的效率，也讓我們能夠以更精細的尺度理解生物多樣性的動態變化。這種科學可視化的進步，很大程度上印證了那句古老的諺語：「需求乃發明之母」。技術的發展與研究需求相互推動，使這門學科不斷向前邁進。

儘管生物地理學的本質是令人信服且富有洞察力的，但其實驗方法往往受到先天性的限制。相比之下，許多其他科學領域的研究者可以在培養皿、花盆、顯微鏡幻燈片或實驗室樣本中操控變數，設計精確的實驗條件。然而，生物地理學者卻極少能夠在所研究的巨觀尺度下進行類似的操控性實驗。這讓我不禁想起詹姆斯·漢普希爾·布朗（James Hemphil Brown），這位卓越的學者不僅是我的同事，也是對我影響深遠的導師。他時常強調，在生物地理學領域，操控性的實驗不僅不切實際，甚至無法真正實現，有時還可能涉及倫理問題。試想，為了理解生物的分布模式，我們怎能徹底改變一個完整的生物相？又怎能摧毀一座山脈、縮小一座島嶼，甚至將長期隔離的島嶼、大陸或海洋盆地彼此連接？這些都是我們無法輕易改變的地理條件，也因此，生物地理學者必須依賴其他方法來探索這門學科的核心問題。

儘管缺乏可控的實驗操作，生物地理學的研究或許因此更加貼近現實，因為它探討的尺度正是演化、擴散（遷移）、滅絕以及板塊運動等巨觀機制發揮作用的範圍。真實自然世界在較大時空尺度上的運作模式，往往遠超過培養皿、溫室或實驗室所能再現的條件。在無法進行操控性實驗的情況下，生物地理學者發展出許多創新的方法，以檢驗假說並推進對自然界運作方式的理解與理論建構。其中包括設計策略性的自然實驗、運用比較研究的方法，以及發展「巨觀生態學」這個新興領域。

地球的重要啟示以及通往未來之道

至此，我們應該可以明確感受到，生物地理學可能是生物學中最具跨領域特性的學科之一，甚至可以說是自然科學中最全面的學科之一。它的研究範圍廣泛，涉及基因學、地質學、古生物學、地理學、人類學、氣象學、海洋學以及生態學等多個領域。這些領域之間的差異極大，使得整合各類資訊時常面臨巨大的挑戰。儘管困難重重，生物地理學的原理與方法，仍為理解橫跨所有空間與時間尺度的生物多樣性提供了無與倫比的機會。它更進一步為我們探索「地球的重要啟示」奠定了獨一無二的平台。

這些重要啟示，在接下來本書裡的每一章節中都有說明。在第二章中，我將介紹**地理框架**的概念，並強調地球從局部空間到全球尺度，環境條件變化的高度規律性（換句話說就是高度的非隨機性）。物種對這種規律性的反應，反映在它們獨特的生理耐受性與生態棲位中，而這些反應不斷形塑著地球上生態群落的分布與多樣性，進而形成了在緯度、海拔、深度、面積、距離或隔離程度等主要地理維度上的生態模式。然而，需要注意的是，儘管地理框架中可以觀察到生命變化的高度規律性，但這種規律性通常只在特定的時間範圍內顯現。請記住，地球是一顆充滿動態變化的星球。在生命存在的三十五億年歷史中，地球經歷了多次重大的地質變遷，例如因板塊構造運動而導致的海陸配置變化。這些變遷不僅深刻影響了地球的地質結構，也促使生物群落不斷演化，適應新的環境條件。最近一次對地球環境產生重大影響的環境變遷，發生在更新世（約兩百六十萬年至 一萬兩千年前），即廣為人知的「冰河期」氣候震盪。在這段時期內，全球氣溫反覆變化，冰河擴張與退縮交替進行，導致海平面波動、生態系重組，並深刻影響了許多物種的分布與演化歷程。

在第三章我將重訪本書的核心議題，也就是生物地理學裡「地方」的重要性，以及在許多情況下，像島嶼、海洋盆地或湖泊這類地區如何成為演化的舞台，孕育出獨特的生物相。我還將深入探討適應性輻射這一令人著迷的演化現象。透過四個經典案例的研究，我們將學習如何應用比較研究的方法，解析物種群落的多樣化是如何受到生物地理學基本機制的綜合作用所驅動。同時，這些過程如何沿著不同地理維度（如區域面積大小與隔離度），受到物種間生態互動的影響並產生相應的變化。

第四章將聚焦於物種演化的時空尺度，並概述如何重建生物地理演化的歷史。這部分內容主要屬於**歷史生物地理學**的範疇，我們將探討近年發展起來的**親緣地理學**，這是一門追溯生物譜系時空變化的學科。透過嚴謹的統計學方法，親緣地理學深入探索了全球不同生物演化區系的變化，並帶領我們以全新的視角重新審視布豐定律的內涵。

第五章將特別關注生物多樣性及其隱含意義，並探討各種衡量生物多樣性的方式。此外，我也將深入介紹生物多樣性在地球主要地理維度上的分布規律。透過展示古代生物多樣性的梯度變化，本章說明這類研究為何深深根植於古生物學領域，同時也探討了對這些經驗模式的分析，如何為致力於生物多樣性保育的人們提供關鍵的見解。

從第三章到第五章，本書主要從**巨觀演化**的視角探討生物地理學，著重在物種階層之上的演化分化過程。

而第六章則轉向**微觀演化**，強調物種內各族群間由天擇與族群分化共同驅動的生命多樣化模式。本章內容涵蓋物種族群內隨地理梯度變化而產生的演化模式，以及在區域間或跨越不同地理框架時，物種的解剖和生理特徵如何因自然選擇的差異而發生變化。

在介紹完自然界中最常見的海陸生態地理梯度後，我們將轉而關注島嶼生命的奇蹟，也就是當物種拓殖到島嶼後，在體型、形態和功能等方面所展現的驚人變化。我們還將探討，這些演化奇觀如何在島嶼被人類占據後，旋即就陷入消失與物種滅絕的危機。隨後，在第七章，我將討論地球上最後一個「重大」課題：智人這個物種的全球擴張。

智人的全球擴張過程實際上與地球上其他生命形式的擴張有許多相似之處，其劇烈程度同樣令人驚嘆。透過研究各地原住民族群或少數民族的人口動態，我們發現，智人在全球地理框架中的微觀演化，與其他生物一樣，受到天擇的主宰與調控。這一事實提醒我們，在智人崛起並成為地球上最具影響力的生態系統工程師的過程中，人類可能已經對這顆星球進行了一場史無前例的全球性操縱實驗。而這場實驗的結果是，我們創造了一個被稱為「人類世」的新地質年代。這個時代的特徵是物種大滅絕，象徵著人類與生物多樣性處於對立的關係。我們已經見證了從陸地到海洋，各類物種的消亡，並目睹因特有物種滅絕所導致的生物地理分布模式的瓦解。

第二章

動態地球以及動態地圖

生命的地理框架

在第一章中，我們將地理框架定義為地球上從局部空間到全球尺度，環境條件變化所展現的高度規律性。這一概念至關重要，因為所有生物地理學的模式，皆源自物種、譜系及整個生物相對這些規律作出的反應。地理框架內，各地環境條件的差異會影響天擇的方向與強度，進而塑造生物多樣性的空間分布模式。環境條件的非隨機變異主要有兩種核心特性。首先是**空間自相關**：環境之間的相似性會隨地點之間距離的增加而減少。再來是**環境與地理的梯度模式**，這意味著環境條件會沿著幾個主要的地理維度（如緯度、海拔、深度、面積和距離或隔離程度）產生特定的變化趨勢。

最終，地理框架中種類各異的模式，都是地球三大動力引擎的產物。第一個地球引擎由太陽能驅動。太陽不僅為幾乎所有生物提供能量，還推動了陸地和海洋的氣候變化。第二個巨大的引擎是地核的巨大熱量，這是板塊構造運動及相關地質現象的能量來源。第三個引擎依賴於重力和其他天文作用力，它們控制了地球繞軸的自轉、繞太陽的公轉，並影響潮汐、洋流，以及壯觀的北極光和澳洲極光等現象，進而決定了地球上大多數生命形式的活動週期與節奏。

生態群落的地理學

地球上主要生育地與棲地類型的分布規律是太陽能引擎造成最明顯的一種生物地理模式，其過去被稱為「生命區」或「生命帶」，如今則被稱為**生物群系**（biome）。生物群系通常依據其主要植被類型進行區分，例如熱帶雨林、溫帶雨林、炎熱的沙漠及苔原。植被的形成則受到特定的氣候條件與土壤特性影響，而這些條件的核心驅動力正是太陽。

試想，如果地球是平的而不是近球形，那麼全球的氣候條件將發生什麼變化？在這個想像的平坦星球上，地球的地理脈絡將變得十分單調，緯度對氣候的影響也變得毫無意義，因為在平坦的地球上，太陽輻射的強度是一樣的。趁這個思想實驗讓人感到困惑之前，讓我們趕緊回到現實裡的近球形地球。在真實世界，地球表面是曲面的，地球各地受到的太陽輻射以非隨機性的方式在變化。在熱帶地區，太陽直接照射，輻射強度最高，但一旦離開熱帶地區往兩極移動，太陽輻射的強度逐漸減弱。這種環境條件的變化，雖然是大多數小學生都能理解的簡單幾何和地球科學課題，但當我們將這個視角延伸到地球氣候和生態群落的分布模式時，就會帶來一些特別而深刻的生物地理洞見。

太陽輻射在不同緯度的變化，使得從赤道到兩極的年均溫呈現規律性的梯度變化。同時，這種變化也導致熱量在全球範圍內的不均衡分布，進而驅動了許多關鍵的氣候模式，例如降水分布、陸地與海洋的風系循環

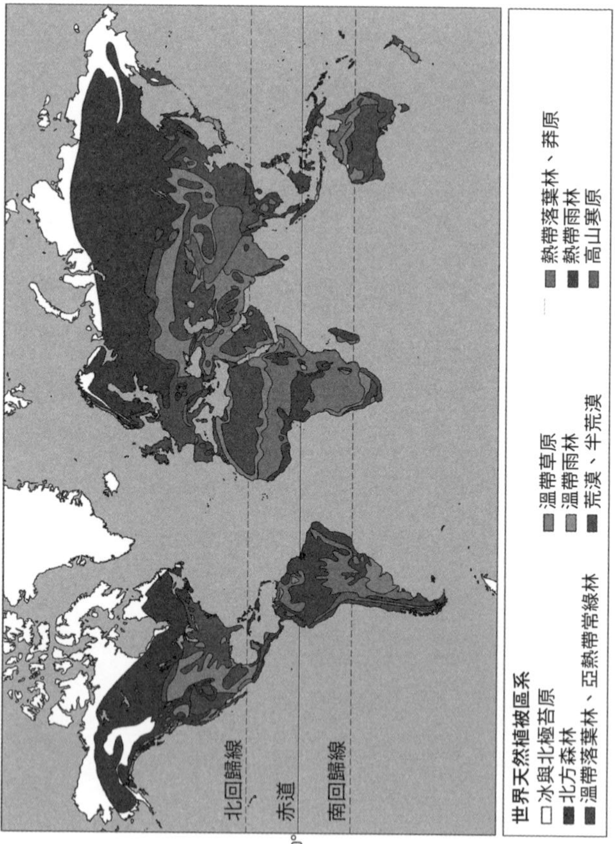

圖 5a ｜ 地球主要生物群系的分布圖。每個生物群系都以其獨特的植被生長形式為特徵，而決定這些植被形式的非生物因素往往是區域氣候和土壤條件。

等。這些氣候模式共同決定了全球生物群系的分布格局（圖5a）。

從赤道地區開始觀察。強烈的太陽輻射加熱地表，使空氣受熱形成熱氣團。由於熱氣團較輕，不斷上升至大氣層（圖5b），過程中，氣壓逐漸降低（可以理解為

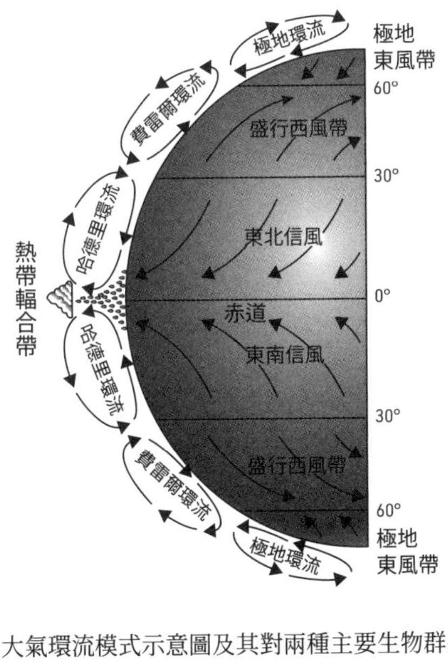

圖5b｜大氣環流模式示意圖及其對兩種主要生物群系（熱帶雨林和沙漠，見圖c和圖d）分布的影響。

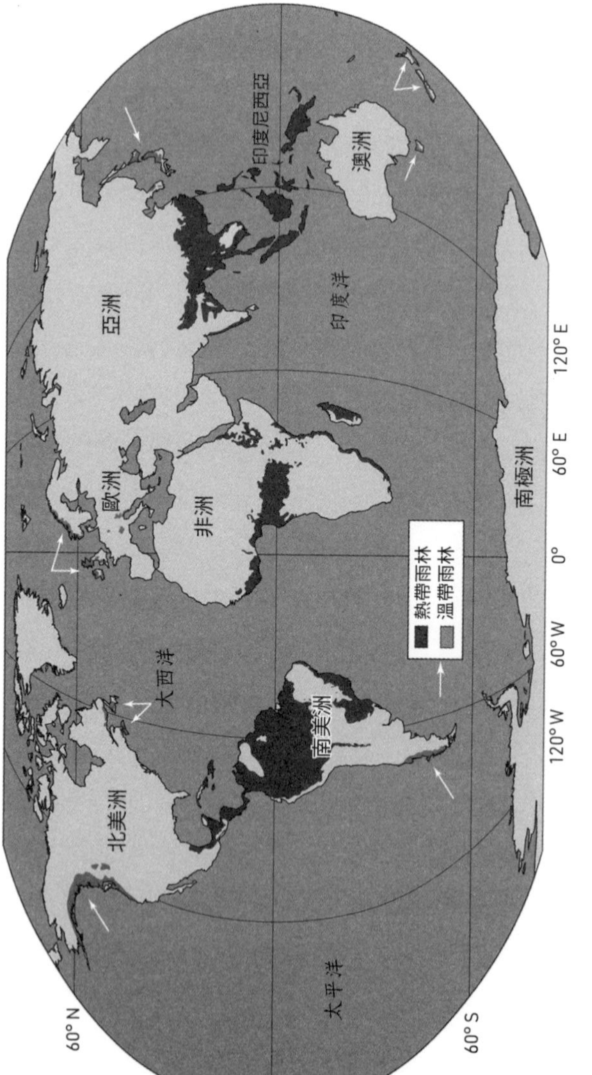

圖5c｜全球主要雨林分布圖，包括熱帶雨林和溫帶雨林（位於沿海山區，以白色箭頭標示）。

氣團上方的空氣柱縮短），導致熱氣團冷卻。當氣團冷卻至一定程度時，其水分承載能力下降，水氣便凝結成雲並降水，造成熱帶地區常見的暴雨現象。當強烈且全年穩定的太陽輻射與充沛的降水結合，熱帶雨林這個地球上生產力最高、物種多樣性最豐富的生物群系在熱帶地區孕育而生（圖5c）。

靠著追蹤熱氣團的動態，地球上另一個主要生物群系——炎熱沙漠的形成過程也將緊接著被揭露（圖5d）。當這些來自熱帶地區的熱氣團上升至高層大氣後，受到下方不斷湧升的新熱氣團推擠，它們開始向南北兩側擴散，形成了「哈德里環流」這一大氣環流系統。在向北與向南移動的過程中，這些氣團逐漸冷卻，密度增加，最終在北緯與南緯約30度附近開始下沉。隨著氣團下降，上方的空氣柱變得更為廣闊，導致氣壓上升。這種氣壓增加的效應使下沉的氣團溫度升高，進一步提高其儲水能力，減少水分凝結與降水的可能性。此外，下沉氣團本身就是極為乾燥的空氣，因為當初在熱帶地區的上升過程中就已大量喪失水分。最終，哈德里環流氣團下沉的區域形成了乾燥炎熱的氣候條件，創造出地

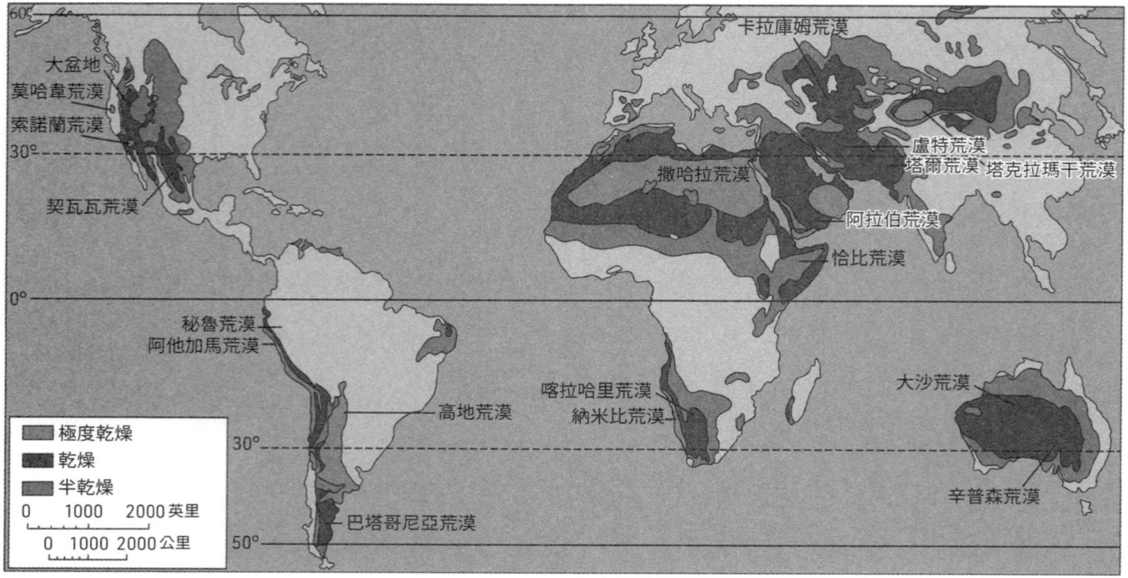

圖 5d ｜ 全球主要沙漠分布圖（主要位於北緯和南緯30度附近以及大陸內陸地區，即遠離海洋降水來源的區域）。

球上最廣袤的沙漠地帶。

雖然太陽驅動的熱量與輻射變化也與其他生物群系的分布模式相關，但繼續追蹤下去無法解釋所有主要生物群系的模式，因為它們分布的複雜程度，遠超過太陽能引擎所能決定的範圍。要更準確解釋各個生物群系的實際分布與範圍，我們還需要進一步探討地質與地貌特徵所帶來的影響。這些因素在塑造生物群系時，往往比單純的氣候模式更具決定性，因為它們能夠改變局部環境的小規模氣候條件，並影響物種遷移與生態適應的可能性。

例如，當山脈沿著海岸延伸且盛行風由海洋吹向內陸時（如圖6a所示），沿著山坡上升的氣團往往會在迎風坡（面向海洋的一側）形成熱帶雨林或溫帶雨林（如圖6b所示）。然而，一旦氣團越過山頂並開始下沉，就會在背風坡促進沙漠的形成（如圖6c所示），這與前面提到的哈德里環流中氣團下沉的過程相似，只是發生在更局部的範圍內。

另一方面，即使沒有沿海山脈，靠近海岸本身也可能對區域性的氣候產生深遠的影響。由於水的比熱容量

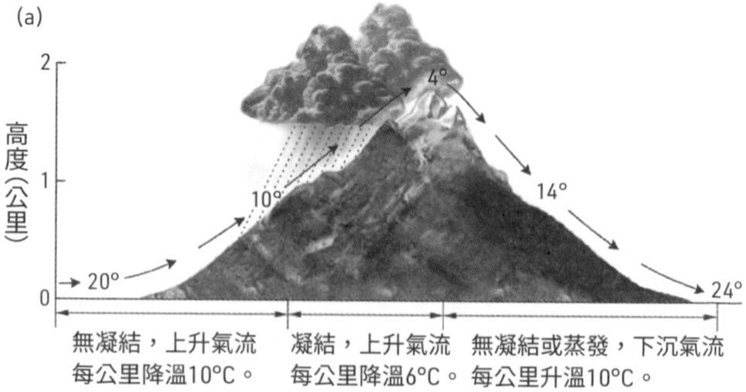

圖 6a ｜區域性氣候可能會受到山脈的強烈影響，尤其當山脈位於沿海地區時，會在迎風坡形成濕潤的森林，而在背風坡的雨影區則形成乾燥的生境。在此圖中，海洋位於左側，盛行風從左向右吹拂。

圖 6b ｜山地雨林。

圖 6c｜一處位於波多黎各的雨影沙漠。

較高，海洋的溫度變化通常小於陸地表面或其上方空氣的變化幅度。因此，沿海地區和海洋島嶼通常具有較強的熱量緩衝效應，夏季和冬季的氣溫也通常較為溫和，氣溫和降水的季節性變化較小。相比之下，大陸內陸地區的氣候條件則具有更強的季節性變化，雖然通常不像沙漠那麼乾燥，但降水量較少，無法支持森林生物群系的生長。這種現象可以用來解釋為什麼許多大陸內陸地區，如北美、亞洲和非洲的部分地區，目前或曾經覆蓋

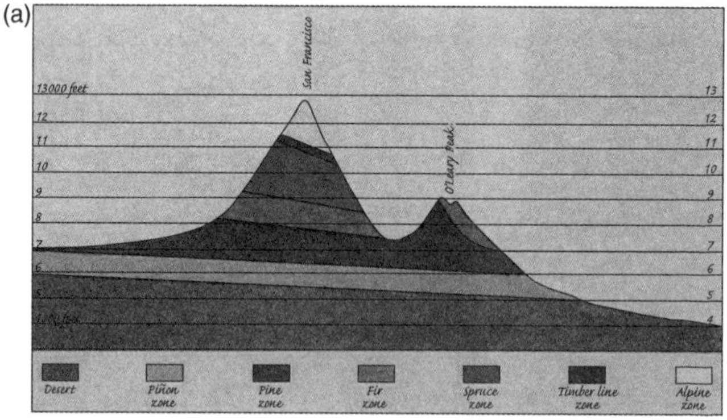

圖 7a｜因為隨著海拔升高，山地不同區域的壓力、溫度和降水量都會發生變化，主要的植被類型也會相應地發生變化。這種植被分布常常遵循一個規律的演替順序，類似於從熱帶到極地的緯度梯度所展現的生物群系分布模式。在此，可以看到柯林頓・哈特・梅里厄姆（C. Hart Merriam）經典的「生命帶」分區示意圖（大致相當於生物群系）所呈現的現象：（a）位於美國亞利桑那州山坡上的生物帶分布，以及（b）跨越整個北美洲的生物群系變化。

著廣袤的草原、稀樹草原和其他草地生物群系，因為這些草原所需的降水量比森林少。

此外，山脈也提供了一個展示氣候條件對生物群系地理分布影響的例子。這與前面描述的生物群系在緯度上的分布類似，但在這個案例裡，地形對氣候條件的

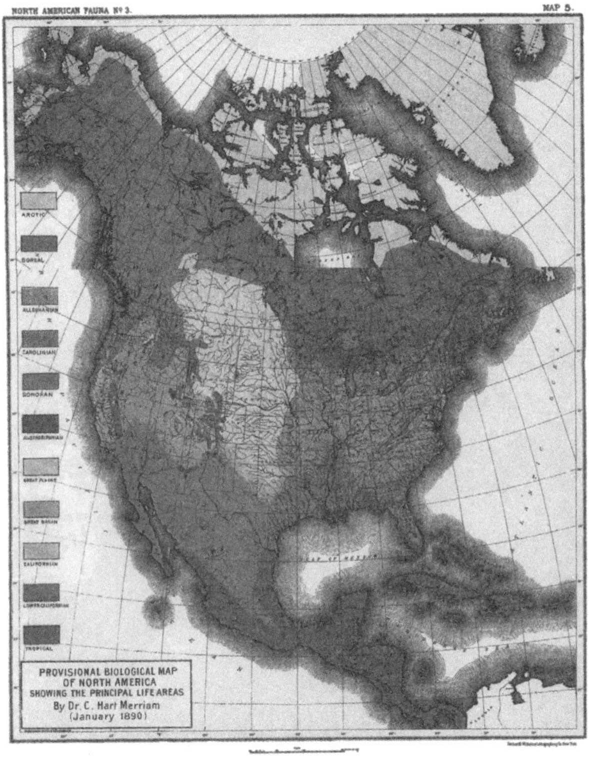

圖7b｜柯林頓．哈特．梅里厄姆對「生命帶」分布的經典描繪，大致相當於北美洲的生物群系分布。

影響發生在更局部的尺度上。特別是在熱帶地區的山坡上，我們經常可以看到從山麓到山頂的一系列生物群系轉換，這與從熱帶到極地長距離旅行所經歷的生物群系變化相似（如圖7a和7b所示）。隨著我們攀登山脈，氣壓下降，氣溫降低，降水量增加（至少在較高的海拔處），氣候條件隨著海拔梯度的變化逐漸過渡，就如同從熱帶到極地的變化一樣。

海洋畛域的地理框架

目前為止，我們尚未深入探討海洋這一構成地球大部分生物圈的生態系。海洋覆蓋了地球表面約70%的面積，範圍十分遼闊，若想對海洋環境所有的變化都概述一遍，恐遠遠超出本書篇幅。儘管如此，由於驅動海洋和陸地生態系分布的因素彼此間存在著顯著的相似性，本節還是會試著對海洋生態系進行一些討論。在海洋中，除了極為罕見且依附於海底冷泉和地熱噴口的特殊生態系外，主要生態系的能量來源和陸地一樣都是太陽輻射。正如前文所述，太陽輻射在全球範圍內產生的熱量差異驅動了陸地生態系的演變，海洋系統亦遵循相同的原則，但兩者間的驅動因素仍有不同之處。比方說，氣候和土壤條件是影響特定陸域生物群系類型的重要因素，但在海洋中，水溫和水化學條件才是主導因子。當然，這樣的類比並不完全精確。水與空氣在密度與熱傳遞特性上本來就有差異，加之光線在海洋中迅速衰減的特性，以及壓力隨深度增加而劇烈變化，使得海洋的系統條件更加複雜。然而，我們仍然可以在陸地和海洋系統之間找到一些共同點。例如，無論是陸地的氣候和土壤，還是海洋中的水化學、水溫、壓力和洋流，這些條件都會受到地形或水深等特徵的影響。這些特徵，包括地表的山脈、山谷和峽谷，以及海底的裂谷和海溝，都是地球內部地熱力量這個動力引擎不斷重組和變動的結果。

如萬花筒般，永恆變化的地球

陸地和海洋環境的地質與地貌特徵規模如此之巨大，以至於在科學史上，從林奈、布豐、洪堡，到達爾文與華萊士，再到二十世紀中葉的科學家，幾乎都認為地球的地質構造是靜態不變的。他們的研究雖然揭示了生物與環境之間的關聯，卻仍停留在一個以穩定地殼為前提的世界觀。然而，被譽為地質學之父的查爾斯・萊爾（Charles Lyell）曾提出一個不同的說法，他認為地貌特徵是造山運動、侵蝕，以及冰河融化與結凍等地質過程的產物，相對於海平面的變化，地形是在不斷演變的。不過，就算是萊爾，若有人向他主張，不僅是地貌，整個大陸或海洋盆地也會產生全球尺度的移動，他很可能會視其為異端邪說，甚至認為那是天方夜譚。

事實上，許多地質學家與博物學者，一直要到達爾文與華萊士提出天擇理論並揭示生物分布的歷史動態後，才開始動搖對地球靜態不變的認知。甚至還有些人認為，學界一直到二十世紀早期，才在遺傳學、演化生物學、生物地理學與生態學帶來的科學革命中，真的接受地球是一顆持續變化、不斷演進的行星，如同萬花筒般變幻無窮。回顧二十世紀初自然科學的發展歷程，特別是生物地理學、演化生物學與生態學這些高度依賴地質與地理框架的學科，當時的學者在堅信陸塊位置固定不變的前提下，竟仍能提出許多顛覆性的理論。他們的洞見與突破，不僅讓人讚嘆，也進一步彰顯了二十世紀初做為科學思想的第二次「啟蒙時代」的深遠影響。

然而，相較於「啟蒙時代」中蓬勃發展的諸多理論，「大陸漂移」與「板塊構造」假說的興起卻晚了數十年。這些假說並未在啟蒙時代便獲得關注，而是在之後的數十年間才逐步發展，並最終被科學界廣泛接受。阿爾弗雷德・洛塔爾・魏格納（1880-1930）是首次提出了關於地球大陸板塊如何在全球範圍內漂移的完整假說的人。他的假說包括對過去大陸和海洋盆地構造的重建、驅動力量的解釋，以及大陸漂移與地質特徵形成之間的關係，如山脈、大裂谷、相鄰地區的海岸線形狀，以及如今已分離大陸上的岩層相似性（如圖8所示）。魏格納最初是在一篇論文中提出「**大陸漂移假說**」，並在一九一五年至一九三〇年間出版的一系列書籍，不斷修訂和更新這個假說。然而，魏格納的假說在他的一生中，甚至在他一九三〇年去世後的很長一段時間裡，一直受到學界的忽視或嘲笑。諷刺的是，魏格納的離世正與他對「大陸漂移」假說的探索密切相關。當時，他參與了一

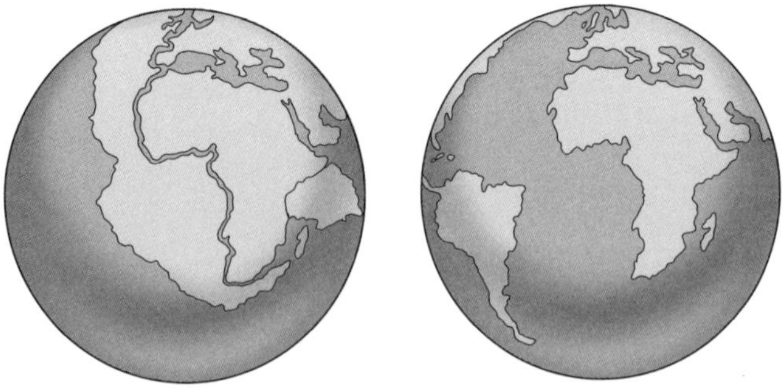

圖8｜地球的板塊曾在全球範圍內漂移，有時聚合形成一個超大陸（盤古大陸），爾後又分裂並漂移分離，這對全球和區域氣候，以及生命形式的分布和演化分化產生了深遠的影響。此處的插圖是安東尼奧．斯奈德－佩里格里尼（Antonio Snider-Pelligrini）1858年作品的重製版，他根據當時世界地圖，試圖還原出大西洋兩岸大陸輪廓彼此間驚人的吻合（即圖右所示的「分離之後」）。

場前往格陵蘭火山活躍區域的探險，希望能找到更多證據來支持他的理論。探險途中，他的團隊遭遇猛烈的暴風雪。儘管魏格納成功返回營地，但當他得知一名助理仍然失蹤後，毅然決定獨自外出搜尋。然而，他與那名助理最終消失在茫茫風雪之中，再也沒有人見過他們的蹤影。

魏格納的悲劇不只是一位富有遠見的科學家的逝

去，也反映出科學發展的進程並非總是穩步推進。在他的案例中，科學的停滯竟長達五十年。他提出的「大陸漂移說」具有革命性，直接挑戰了數世紀以來由科學與宗教教義共同維繫，且在當時被視為理所當然的「大陸固定論」。儘管魏格納收集了大量令人印象深刻的地質與生物學證據來支持他的理論，但這些證據在客觀上仍顯不足。要完全證明這個具有劃時代意義的理論，需要大量超越二十世紀初地質學家能力範圍的地質構造資料。

值得注意的是，推動這場科學革命的關鍵證據，最終並非直接來自於那些針對大陸漂移的研究，而是第二次世界大戰期間，各國爭相為了掌控海洋戰略資源所導致的意外。彼時，大戰為全球海洋水深測繪技術帶來蓬勃的發展，這些技術所累積的資料最初並非為了解決地質問題，但最終卻為海洋地質學家提供了至關重要的線索。新證據驗證了魏格納提出的大陸漂移假說，還進一步延伸成更完整的地質動力學理論：**板塊構造理論**。板塊構造理論是一個比大陸漂移說更為宏大的框架，其中包含了三個關鍵的地質機制：大陸漂移、地殼板塊的生

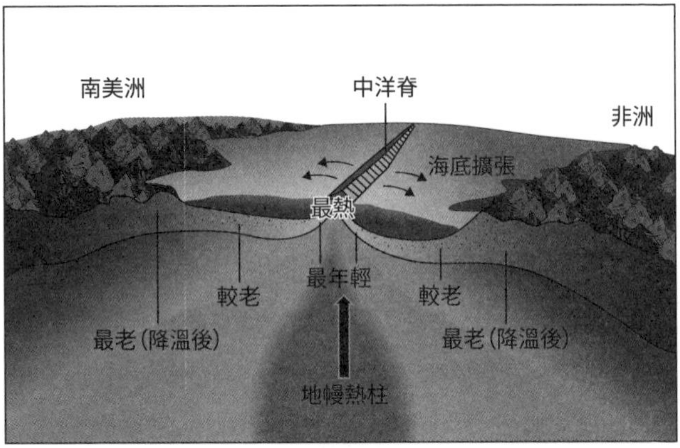

圖 9a｜赫爾曼·赫斯的海底擴張模型解釋了來自地幔深處的岩漿如何湧升並切開海洋板塊。

成與消亡，以及驅動這三者之間相互作用的動力。

對於海洋地質學家來說，全球海洋水深測繪資料中最具啟發性的一項發現可能就是中洋脊的發現。中洋脊是一條巨大的裂縫，將海底的海洋板塊一分為二，其上矗立著年輕的海底山脈。地質調查顯示，中洋脊是古老海洋板塊開始裂解的地點，上升的岩漿在這裡切開海洋板塊，使其分裂，並由岩漿冷卻後形成的密度更大的海洋地殼所取代。這一過程不斷擴展，如同拉鍊一般。赫爾曼・赫斯（Herman Hess）及其同事在一九六三年將其稱為**海底擴張**（如圖9a所示）模型。在這個模型中，中洋脊上的海洋地殼年輕且溫度相對較高，而當我們從岩漿湧升處的中洋脊向大陸板塊方向移動時，會發現地殼的年齡逐漸增加，溫度也逐漸下降（如圖9b所示）。當擴展的海洋地殼與密度較小的大陸地殼碰撞時，會導致大陸地殼的隆起和造山運動（如南美洲安第斯山脈的形成），同時密度較大的海洋地殼會隱沒，形成巨大的海溝（例如位於海面下約十一公里的馬里亞納海溝）。此外，海洋地質學者發現大陸地殼非常古老，其大部分可追溯至約四十億年前地球表面剛冷卻和凝固的時期，而密度較大的海洋地殼則因為不斷處於岩漿的大規模循環中，因此年齡相對較年輕（通常少於一・八億年）。

雖然魏格納推測大陸漂移可能受到其他力量的影響，但他明確指出，地球的地熱就像一部引擎，能夠產生驅動渦輪機的能量，而岩漿對流就像渦輪機，在地熱的推動下從地核上升數千公尺，穿過地幔，一直到達地殼外層。這些巨大的熔岩環流推動了大陸的漂移、分裂或碰撞，同時在大陸裂谷和中洋脊上形成新的海洋地

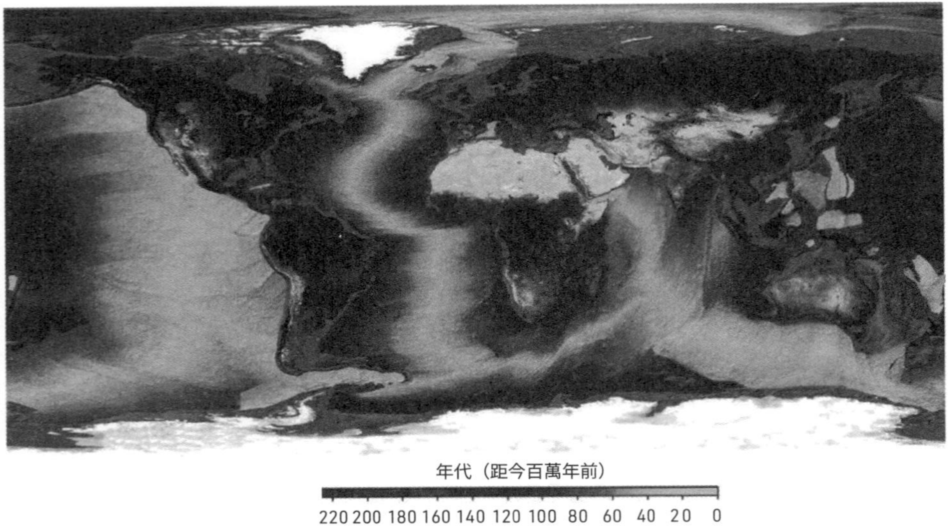

圖 9b｜赫爾曼・赫斯的海底擴張模型解釋了離海洋擴張中心的構造熱點越遠，海洋地殼的年齡將逐漸增加，溫度逐漸降低的現象。

殼，或在海溝處隱沒並回歸到下方的熔岩環流中，摧毀較古老的海洋地殼。因此，板塊構造理論的提出，如同其他許多理論一樣，是建立在一系列現已普遍接受的假說或理論之上，包括地熱能量、巨大熔岩環流、海洋地殼和大陸地殼不同的起源與密度，以及海底擴張的機制。

當然，除了前述的地質、地形和測深學的現象之外，板塊構造理論也解釋了地震、火山、島鏈的形成以及許多與地理動態相關的現象，這些內容將在第三章至第五章中進行討論。我們將闡明該理論對於理解物種群落在空間和時間上的演化發展具有的重要意義。

適應性輻射演化的地質背景

儘管島嶼只占地表面積的極小一部分，但它們為演化生物學和生物地理學提供了極為重要的見解。其中最著名的可能要屬達爾文在加拉巴哥群島的探索，以及華萊士在印尼馬來群島的研究。我們將在第三章和第四章中深入探討這些島嶼，並另外納入夏威夷群島、馬達加斯加，以及東非大裂谷中那些宛如島嶼般高度隔離的湖泊體系，分析這些地區裡生物譜系的適應性輻射演化。由於這些地區的地質組成多樣且相對複雜，我們將在本章先闡明這些區域的地質背景，以便未來能更好理解這些地區特有譜系的演化歷程。

首先，讓我們從「**盤古大陸**」談起。魏格納曾經提出，遠古時期地球上的所有大陸曾幾乎連接在一起，組成一塊名為盤古的超大陸。當時全球氣候相對溫暖，適應這種溫暖氣候的動植物廣泛分布於盤古大陸各地。大約在二・四億至二・二億年前的中生代早期，盤古大陸開始分裂。分裂的大陸將不同地區的生物群隔開，基因交流受到阻斷，各地物種因此逐漸產生多樣化。在這之前的古生代晚期，生物多樣性經歷過幾次重要的增長浪潮，其中一個顯著的例子便是古代爬蟲類的快速擴張。然而，進入中生代後，這些古代爬蟲類逐步被更具主導地位的脊椎動物取代。例如恐龍及其近緣譜系，還有體型較小的哺乳動物（包括鳥類和現存爬行動物的祖先），都開始在生態系統中占據更重要的地位。

與北半球相比，南半球的各大洲曾經連接在一起的時間更長，或者彼此距離不遠，構成了古代的「**岡瓦那**

大陸」。這段長期相連或地理接近的歷史，解釋了為什麼今天我們在南半球遙遠的大陸之間，仍能看到植物和動物的親緣關係較為密切。馬達加斯加曾長期位於南半球的高緯度地區，直到它開始向北漂移。起初，馬達加斯加島與印度相連，這也說明了為什麼儘管印度和馬達加斯加島如今相距甚遠，但我們今天可以在上面找到許多親緣相近的動植物類群。大約在八千萬年前，馬達加斯加到達了今天相對於非洲的位置，而印度則加速向北漂移，穿越赤道，最終在大約四千萬至五千萬年前與亞洲相撞，形成了喜馬拉雅山脈這個世界上最高的陸地山脈。

正如前面提到的，當岩漿穿透海洋地殼時，會在海底形成海底山脈，或者偶爾形成海底火山（即海山）。這些山脈或海山如果高出海面，就會成為海島。例如，夏威夷群島和加拉巴哥群島都是以這種方式形成的。它們位於地幔柱上方的熱點，這些熱點推動岩漿穿過較薄弱的海洋地殼。然而，就某些方面來看，這兩個群島的地質起源及其形成的時間動態有著關鍵的差異，這對解釋它們彼此特有的動、植物譜系起源及後續發展有著重要影響。

孤懸在太平洋深處的夏威夷群島其實是一條長達六千公里的海底火山鏈（皇帝－夏威夷海山鏈）的一部分。這條火山鏈最年輕的一端就是夏威夷，而最古老的一端則可以追到位於阿留申群島附近的海底區域。這條火山鏈的地質起源可以追溯到約八千萬年前，當時構成部分太平洋的海洋板塊開始向北漂移，當板塊中相對較薄的部分漂移到如今位於夏威夷島下方的熱點上時，熱點推動岩漿穿透地殼，形成海山或島嶼，隨著板塊逐步向北移動，這些島嶼與海山也向北移動。當新的地殼較薄處再次經過熱點，新的海山或島嶼又誕生，如此反覆最終在太平洋裡形成了這條長長的火山鏈。

如今，夏威夷群島最古老的姐妹海山是一座已隱沒於阿留申海溝的平頂海山：皇帝海山，其地質年齡約為八千萬年。從皇帝海山起，這條火山鏈向南延伸，經過中途島後轉向東南，最終抵達夏威夷群島。這個東南方向的轉折，源於四千七百萬年前，板塊漂移方向發生了顯著變化。

在夏威夷群島中，海面上最古老的島嶼是約有五百

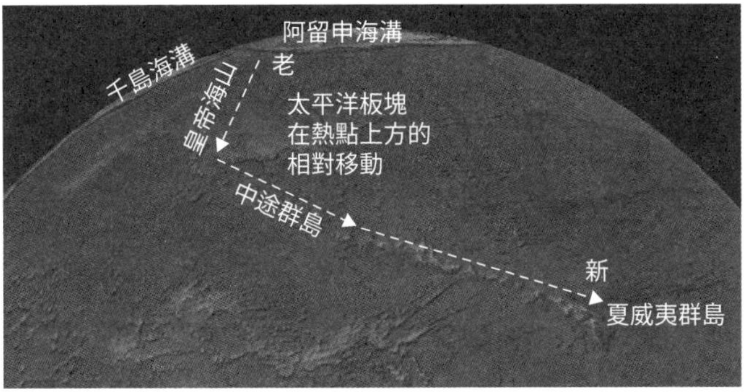

圖10｜從阿留申隱沒帶延伸至皇帝海山群，在末端形成夏威夷群島的火山島鏈，是在過去八千萬年間，由於太平洋板塊經過地幔下方的構造熱點，像傳送帶般逐步形成的火山產物。

一十萬年歷史的考艾島。而位於火山鏈最南端，最年輕的夏威夷大島因為正位處噴發熱點上方，至今仍然保持火山活動（見圖10）。夏威夷複雜但詳細的地質歷史是解釋夏威夷特有生物群落中的關鍵背景。例如，遺傳和演化研究證實，夏威夷群島中某些生物譜系的起源年代居然比最早浮出水面的島嶼還要早。這個謎題將在第三章中進一步探討和解答。

加拉巴哥群島的地質年代並不如皇帝－夏威夷海山鏈那般古老，但這些島嶼也是因為火山噴發而形成的，其噴發熱點位於赤道附近，位於納斯卡板塊、科科斯板塊和太平洋板塊三者交界處，距離南美洲厄瓜多海岸以西約九百五十公里。儘管這一熱點可能已經活躍了大約兩千萬年，但加拉巴哥群島現存最古老的主島——聖克里斯托巴爾島卻只有約三百二十萬年的歷史。從聖克里斯托巴爾島開始，其餘島嶼的地質年齡由東南向西北遞減，這與板塊相對於熱點的運動方向一致。群島裡最年輕的主島是位於西北端的——費爾南迪納島，其地質年齡只有約五十萬年。與夏威夷群島相似，加拉巴哥群島的姐妹島嶼可能早已隱沒在海水之下。因此，群島上可能存在一些起源年代比島嶼更古老的生物譜系。目前的研究已在群島東部發現了一些海山，據推測這些海山即有可能是加拉巴哥群島的古老姐妹，其歷史可能追溯到約一千萬年前，甚至有可能更老。

透過兩個群島的差異，我們將在第三章就地質起源、年齡和隔離程度、面積大小和地形來設計一系列自然實驗，試圖探究群島之間物種多樣性有所落差的原因。進而，我們將拿夏威夷與加拉巴哥群島著名的生物適應性輻射現象與非群島系統的馬達加斯加島驚人的特有譜系輻射現象相比，闡明驅動生物多樣性多樣化發生的地質和地理因素。最後，讓我們離開海洋，針對不同地理脈絡下生物多樣化的歷史做進一步的探索，我們將觀察東非大裂谷中那些宛如島嶼般高度隔離的湖泊體系，以及其中一個獨特、非凡的生物輻射演化系統。

就像地幔柱能撕裂較薄的海洋地殼，形成中洋脊一樣，它也能在地表分裂大陸，形成廣闊的裂谷。其實，中洋脊和裂谷只是同一地質過程不同階段的表現。以岡瓦那大陸為例，大約在一・六億年前，地幔柱湧升到現今非洲和南美洲組成的岡瓦那殘餘陸塊之下，並在地表撐開裂谷。隨著裂谷逐步擴展，陸塊開始分裂，新的海洋地殼不斷在新生海底的兩側生成，最終將這片陸塊分離成非洲與南美洲兩大板塊，並以大西洋隔開。

目前的東非大裂谷宛如當初南美洲和非洲剛剛開始分裂時所形成的裂谷，只不過它相對年輕，形成於大約三千萬年前。這道裂谷猶如一個高聳的巨大窪地，匯聚了降水與地表徑流，最終孕育了地球上規模最宏大、物種最為豐富的湖泊群之一。然而，研究顯示，裂谷湖中的魚類與其他水生生物群落的起源年代遠比湖泊本身的地質年代年輕。這似乎暗示，裂谷湖內生物出現的適應性輻射演化並非取決於遠古湖泊形成的地質歷史，反而和近期快速氣候變化等生態因素更為有關。考量到裂谷湖系統驚人的物種多樣化，生態因素對生物多樣性的影響程度顯然不亞於板塊構造帶來的作用。

受地質因素驅動的氣候變遷

板塊構造理論對地理框架和全球生物群系的影響既直接又明顯。例如，板塊的大小與形狀變化、地表和海底地形的變遷、海陸相對位置的動態，都對生物群系的演化產生了深遠影響。然而，陸地和海洋板塊的運動不僅改變了地貌，還可能促成多次重大的地球氣候變遷事件。為了更深入了解地質與氣候之間的相互影響，我們首先需要記住，無論是裸露的土地還是覆蓋植被的地表，通常都吸收比海洋更多的太陽輻射。這是因為海洋表面會將大量的太陽輻射反射回大氣中。因此，在地質歷史上的某些時期，當大陸集中於熱帶地區時，地球的總熱量會增加，進而引發全球尺度的氣候暖化。需要特別注意的是，某些全球變暖事件可能與板塊位置的變化無關，而更可能與溫室氣體的大量釋放相關。例如，二氧化碳和甲烷等溫室氣體的增加，往往與火山活動的加劇或板塊構造擾動導致的海洋沉積物釋放有密切關聯。

此外，陸地板塊位置的變動與強烈的構造活動，曾共同作用促成**顯生宙**中最炎熱的一段時期。顯生宙始於約五．四一億年前，是複雜多細胞生物大量多樣化並廣泛分布的地質時代。其中最炎熱的時期出現在約五千五百萬年前的始新世，被科學家稱為「始新世氣候最適宜期」（或中始新世的「桑拿期」）。這段時期被認為是地球歷史上最溫暖的階段之一。當時，全球平均氣溫比現在高出10°C以上，地表幾乎沒有大範圍的冰棚存在，而熱帶氣候和熱帶植被可以延伸到北極和南極的高緯度地區（如圖11所示）。令人感興趣的是，中始新世的這段溫暖時期，正是全球主要生物譜系和分類群發生顯著更替的關鍵時期。例如，古代哺乳動物逐漸滅絕，取而代之的是現代哺乳動物的多樣化。同時，其他動、植物譜系也經歷了顯著的演化輻射。

始新世氣候最適宜期的出現與洋流密切相關。海洋

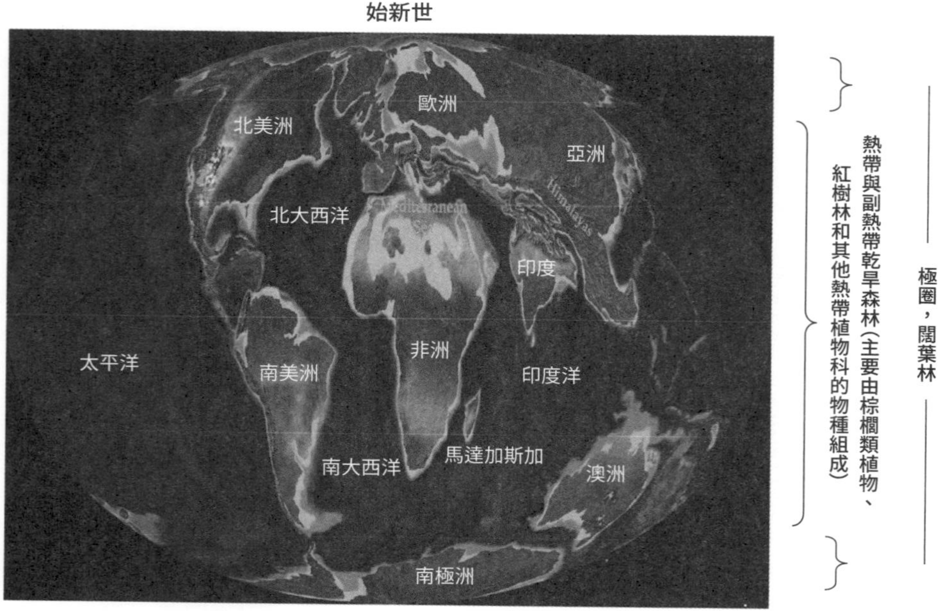

圖11｜在所謂的中始新世「桑拿期」（約五千至六千萬年前）的極度氣候溫暖期內，熱帶和亞熱帶的生境延伸到了北緯和南緯的高緯度地區。

洋流深受大陸和海洋盆地的大小、相對位置及形狀的影響。洋流的改變會驅動或改變大氣環流，進一步影響了從區域到全球範圍內的氣候條件。板塊構造對洋流的影響在白堊紀晚期（約八千萬年前）的構造重建圖中尤為明顯（見圖12）。當時，由於一・五億年前勞亞大陸與岡瓦那大陸的分裂，形成了一條環繞赤道的洋流通道，稱為特提斯洋道。這條洋流推動了向北和向南流動的次級洋流，將熱帶地區海水所吸收的熱量輸送到更高緯度地區，間接暖化了高緯度的氣候。在始新世氣候最適宜期的背景下，這一現象解釋了為何當時的溫暖氣候與熱帶植被能夠延伸至高緯度地區。此外，它也說明了為何從這一時期到中始新世期間，緯度之間的溫度梯度變得不明顯，且氣候呈現出季節不明顯的特徵。

值得注意的是，顯生宙中還有另一個重要的氣候變遷事件：更新世（約兩百六十萬年至一萬兩千年前）氣候震盪。這場氣候變遷讓我們理解到，除了全球暖化，板塊構造運動與氣候之間還存在另一層重要的關聯。在更新世期間，地球經歷了約二十次氣候劇變，其中包括多次冰河期和間冰期的快速交替。這些氣候變化的週期

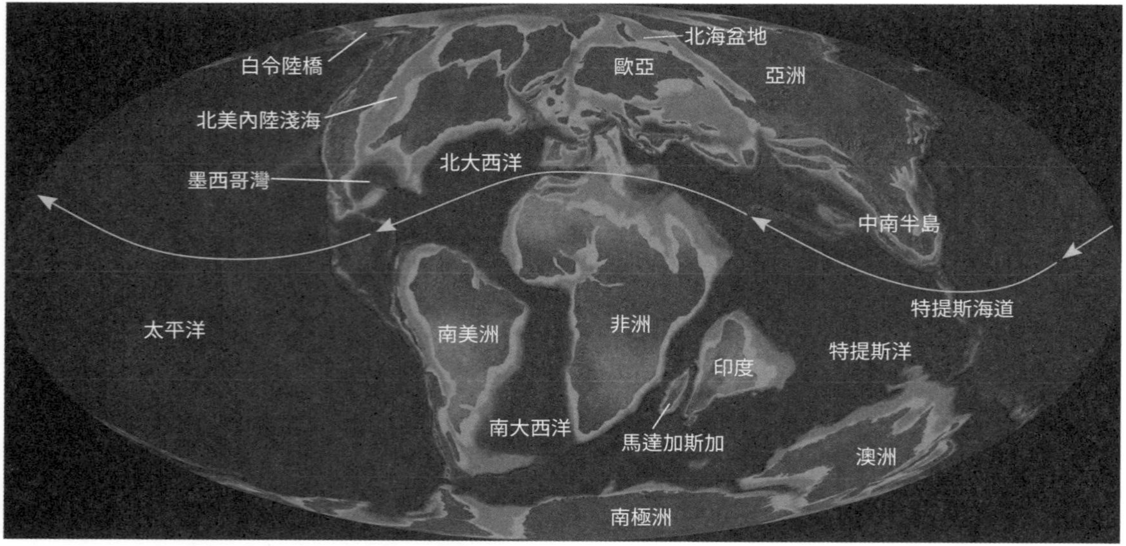

圖12｜在盤古大陸分裂後，地球的各大陸板塊逐漸分離。在白堊紀期間，形成了一條環繞赤道的海水通道（特提斯海道），這條通道產生了強勁的洋流，將溫暖的熱帶海水帶到高緯度地區，從而減小了全球大部分地區的緯度溫差和季節性溫度變化。

約為一萬至十萬年，轉變速度極快，顯然無法直接歸因於板塊構造運動。畢竟，大陸漂移、海洋盆地擴張或隱沒等板塊運動所需的時間，往往長達數百萬年。然而，科學研究顯示，即使在這一地質上相對短暫的時期內，板塊構造仍然在冰河期與間冰期的顯著循環中扮演了關鍵角色，影響了氣候的變化規律與幅度。

目前地球上各大洲在南北半球的分布呈現出極不對稱的格局，北半球的陸地面積遠遠超過南半球。這種海陸配置的複雜性，以及赤道南北的熱量分布差異，使得更新世成為一個氣候極度不穩定的地質時期，甚至可說是一個獨一無二的特殊時期。在更新世之前的海陸配置中，儘管地球所接收的太陽輻射略有變化，但並未對全球氣候條件產生重大影響；然而，在更新世期間，這些變化卻引發了劇烈且反覆的全球氣候變遷循環。

更新世的氣候震盪

本章開頭提到，驅動地球地質與環境變化的三大核心動力，分別為太陽能、地熱以及重力與其他天文作用力。其中，重力與其他天文作用力與地表太陽能的調節密切相關，並深刻影響了地球接收太陽輻射的週期性波動。這些力量是更新世氣候劇烈波動的根本原因。簡單來說，雖然地球表面接收的太陽總輻射能量（即太陽常數）隨時間會有所變化，但引發更新世氣候波動的主要因素並非這類常見的輻射變化，而是地球自轉軸傾角和繞太陽公轉軌道的週期性變化。這些變化直接影響了地球的總熱量平衡，並改變了熱量在南北半球陸地上的分布時序與空間模式，進一步導致了顯著的氣候變遷。

地球軌道的週期性變化有三個主要特徵。1. 地軸傾斜角度的斜率變化：地軸的傾斜角度每四萬一千年在22.1度至24.5度之間擺動，這會影響到季節性氣候的強弱。2. 地球軌道方向的變化：地球軌道的方向每兩萬兩千年在指向北極星與指向織女星之間交替變化，這會改變季節在不同半球的分布。3. 地球公轉軌道的橢圓度：地球繞太陽公轉的軌道每九萬六千年在接近圓形與橢圓形之間變化，影響地球距離太陽的遠近，進而影響接收的太陽能量。地球這三種週期性軌道變化是由塞爾維亞數學家與地球物理學家米盧廷・米蘭科維奇（Milutin

Milankovitch）發現並整合成一套理論，現稱為米蘭科維奇週期。米蘭科維奇詳細說明了這些軌道變化如何引發更新世冰河期與間冰期的交替循環，提供了對這段地質紀錄中氣候不穩定性的完整解釋。

我們目前正處於地球最新的一個間冰期裡。事實上，間冰期在更新世氣候裡是一個相對不典型的時期。在地球過去的兩百六十萬年間，處於冰河期的時間累加起來大概就占了約90%，間冰期整體只有10%。雖然每次冰河期在強度和持續時間上存在很大變化，但平均每次持續約十萬年，並與平均約一萬年的間冰期交替出現。在某些地區，冰河的厚度可達二至三公里，並延伸至如今的溫帶地區。然而，氣候冷卻的現象遠遠超過冰河範圍，實際上也蔓延到了熱帶地區的陸地和海洋。大陸上的空氣溫度下降了約4至8°C，而由於水的比熱容較高，海洋表面的溫度降幅較小，僅下降了2至3°C，具體的降幅取決於地區和當時的洋流情況。即便如此，這些相對較小的海面溫度變化對珊瑚、水生植物及大多數其他海洋生物仍然產生了深遠的影響，並可能影響到遠離海岸的大陸內陸的區域性氣候。近期聖嬰現象所引發的劇烈溫度和降水變化，通常僅是由海面溫度的微小變動引發。和更新世裡至少二十至二十五次因冰河期所引發的海面溫度波動相比，聖嬰現象造成的海水溫差顯得微不足道。

然而，讓人覺得有點矛盾的是，從冰芯、海洋和湖泊沉積物、年輪等古氣候紀錄中可以看到，有些冰河期和間冰期之間的轉變往往發生在短短數千年內，有時甚至只需數百年。這種交替的快速性遠超過其主要驅動因素——地球繞太陽的軌道週期變化（如前所述，這些週期的時間範圍從兩萬兩千年到九萬六千年不等）。研究人員推測，更新世氣候變化如此迅速的原因與一系列全球性的正向反饋機制有關。這些機制加速了地球的輻射與熱能平衡改變。例如，當氣候因軌道變化而開始逐漸冷卻時，冰棚面積增大，更多的太陽輻射被反射回大氣，進一步加速了冷卻的速度。相反，在全球變暖的時期，冰川融化後露出的土地會吸收更多的太陽輻射，這又反過來促使冰川融化加快。此外，這種自我增強的過程也使得大氣中的溫室氣體濃度迅速上升，從而在從全冰期過渡到全間冰期的階段大大加速了全球變暖的進程。

更新世氣候變遷對生物相的影響

可以想見，更新世的氣候變遷對地球上的生物群系產生了深遠影響，但在不同類群之間，這些影響有著顯著的差異。大多數物種，尤其是那些從冰河期循環中存活下來的物種，都經歷了大範圍的地理分布變動。平均而言，物種的分布範圍移動了約十個緯度，山區物種的分布範圍則大約提升了一千公尺的海拔高度。由於即使在近緣分類群內，物種之間的生理耐受性和棲位偏好都有顯著差異，因此更新世期間，各類物種對氣候變遷的分布變化往往具有獨特性，這進一步導致了生物群落的全面重組。許多在更新世之前長期穩定存在的物種組合被打破，取而代之的是一些前所未有的新物種組合和生物群落。

此外，更新世的生物群系還展現了另外兩種在本質上應對氣候變遷的顯著差異。許多無法隨著氣候變化而遷徙至最佳棲息地的物種，其地理分布範圍逐漸縮小，最終導致滅絕。在更新世初期的氣候循環中，許多植物譜系尤其容易滅絕。然而，那些在初期因氣候驅動的自然選擇中存活下來的植物譜系，往往能夠在隨後的大約二十次氣候循環中持續存活。或許最令人驚訝的是，有些更新世生物群系中的物種不僅成功度過族群大量滅絕的瓶頸效應，還有許多譜系（包括大型陸生哺乳動物和鳥類）在一些最嚴酷的冰河期中，物種多樣性和生態優勢反而大幅增長。不過，這一切最令人困惑的還是，在冰河期取得成功的大型食草和食肉哺乳動物，以及以它們為食的大型掠食和食腐鳥類，卻在更新世的最後階段突然衰退和崩潰。

為什麼長到如此巨大的物種（**更新世巨型動物群**）在成功活過了大約二十個冰河期和間冰期後最終卻走向了滅絕？儘管學界仍未對這個問題取得共識，但越來越多的生態學家和生物地理學家逐漸認為，氣候變遷本身並不是導致大多數陸域巨型動物群滅絕的主要原因。真正的罪魁禍首有可能是我們智人這個物種。如前所述，雖然許多物種因氣候變遷而面臨棲地縮小甚至滅絕，但也有一些物種通過擴展其地理範圍來適應氣候變化。事實上，冰河期的到來往往伴隨著陸地物種地理範圍的顯著擴展。由於大規模的冰棚將地表大量水分凍結，導致海平面下降超過一百公尺，許多原本為淺海覆蓋的區域轉變為陸地，形成了將大陸與島嶼相連的天然橋樑。這些陸橋提供了通往原本孤立的島嶼以及鄰近大陸的通道，成為陸域生物遷徙和交流的重要廊道。在冰河期形成的眾多陸橋中，幾個尤為著名。例如，大巽他群島（包含爪哇、蘇門答臘和婆羅洲）通過陸橋與馬來半島及亞洲大陸相連，這使得原本彼此隔絕的生物群能夠相互接觸和遷徙。同樣，現今西伯利亞與阿拉斯加之間的**白令陸橋**也是其中一個著名的案例。在冰河期時，白令陸橋是一片龐大的無冰次大陸，不僅是許多巨型動物的棲息地，其孕育的生物多樣性甚至可能與現代非洲大草原相媲美。

利用這兩條陸橋進行遷徙與拓殖的哺乳動物，除了那些巨型動物群之外，還包括一類體型相對中等的物種。這些物種的體型雖然小於巨型動物，但又比許多普通哺乳動物大一些。牠們的地理擴張歷史與更新世大型動物的滅絕可能密切相關，甚至有理由懷疑，牠們可能就是導致這些滅絕事件的主要兇手。這個物種就是智人。

我們的祖先曾經藉由馬來半島至巽他群島的陸橋前

往印尼諸島，這些島嶼又進一步成為我們殖民東部小巽他群島，並最終到達澳洲的中轉站。大約在五萬六千年前，第一批智人到達了冰河期的「莎湖次大陸」（包括新幾內亞、澳大利亞和塔斯馬尼亞），隨後的幾千年間，澳洲的巨型有袋類動物、鳥類和爬行動物開始大規模滅絕（如圖13所示）。我們的祖先大約在三萬年前進入冰河期的白令次大陸。然而，由於北美洲高緯度地區被大片冰河覆蓋，他們無法進一步南下。直到約一萬五千年前，全球開始變暖，冰河退縮，出現一條狹窄的通道，這才使他們得以穿越北美洲。到一萬三千年前，人類已抵達北美洲冰河覆蓋以南的地區，並且恰逢這個時期，北美的巨型哺乳動物開始消失。南美洲與加勒比地區的巨型哺乳動物群的滅絕則緊接在後，時間點與智人向南半球遷徙和殖民的浪潮大致吻合（其分別發生在約一萬一千和六千年前）。

與大多數的大型肉食哺乳動物相比，我們的祖先在團結力量和運用集體智慧等方面展現非凡的能力。他們巧妙的運用武器，搭配集體狩獵策略，高效的追蹤、捕獵並制伏大型獵物。有時，他們甚至借助當地的地形特徵，例如封閉的山谷和懸崖，來捕獲整群獵物。隨著時間推移，人類改造生態環境的能力也不斷提升，包括改變溪流走向、築壩攔河，甚至使用火來將原生棲地轉變為更適合生存的環境。目前有越來越多的證據表明，巨型哺乳動物的滅絕主要由人類活動導致，而非氣候變遷。這一結論部分源於我們尚未找到足夠的證據表明氣候變遷是導致滅絕的關鍵原因。如果更新世巨型哺乳動物的滅絕真的是因氣候變遷所致，我們應該可以觀察到以下幾點：

1. 滅絕的時間點與氣候變遷週期一致：巨型哺乳動物的滅絕應該發生在冰河期循環中的最初週期，因為相較於冰河期之前的穩定且溫和的氣候，更新世的氣候劇烈波動，這可能讓許多哺乳動物無法適應而滅絕。
2. 植物群與動物群的同步消失：如果氣候變遷是主要原因，那麼巨型哺乳動物的滅絕應該與其賴以為生的植物物種的滅絕同時發生。
3. 全球同步滅絕的模式：巨型哺乳動物的滅絕應該在

全球各大陸和島嶼上同步出現，而不是只集中在某些地區。

4. 不同地區的滅絕程度相近：若氣候是主因，各大洲的滅絕程度應該大致相同，不會出現地區差異。

根據現有的證據，植物的滅絕主要集中在氣候變遷的早期階段，而大型哺乳動物、鳥類和爬行動物的滅絕則大多發生於後期，這與先前的預測1和預測2並不一致。

此外，如同我們之前提到的，巨型哺乳動物的多樣性在更新世早期與中期階段不減反增。圖13的地圖顯示著巨型哺乳動物的滅絕並非同時出現，而是在智人抵達各地之後才逐步發生，這一點與預測3相悖。事實上，巨型哺乳動物的滅絕在一些大陸上發生於冰河期高峰，而在其他大陸則出現在間冰期。這樣的時序分布似乎與智人的移居歷史有一定的聯繫。

最後，巨型哺乳動物的滅絕在各大洲之間明顯存在差異。儘管大多數陸地上的巨型哺乳動物都已滅絕，但非洲的巨型哺乳動物卻大多倖免於難。我的同事賈

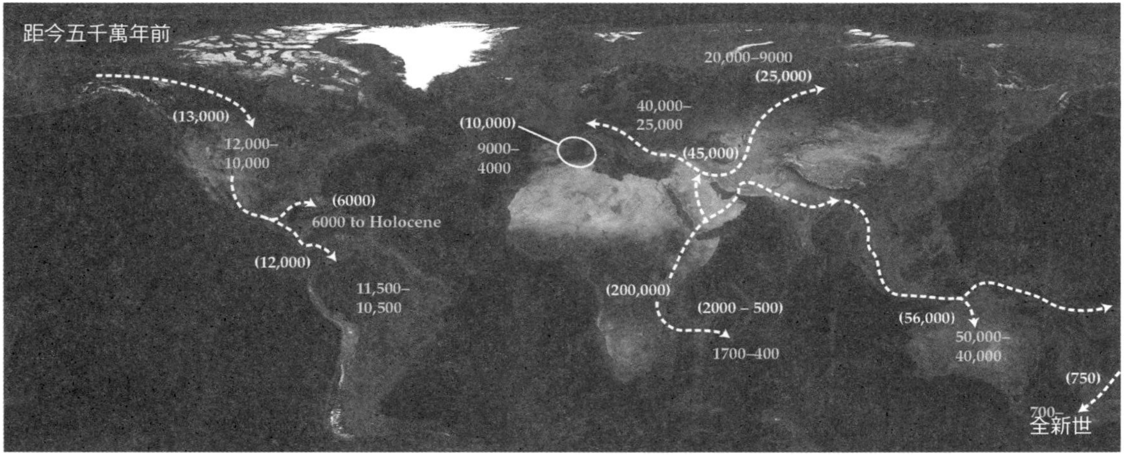

圖13｜更新世晚期（特別是距今約五萬年至一萬一千年間），發生了大規模的巨型動物滅絕事件，涉及了許多龐大的哺乳動物、鳥類以及爬行動物。這些滅絕現象緊隨著人類進入各大洲後發生，顯示人類對生態帶來的巨大影響。括號中標註的年代，分別顯示了人類抵達各地和巨型動物滅絕發生的時間。

德・M・戴蒙（Jared M. Diamond）為此提出了一個最為合理的解釋。他認為非洲的巨型哺乳動物將我們視為熟悉的生態夥伴。這些野生動物與我們在非洲原鄉共同演化，逐漸適應了我們作為競爭者和捕食者的威脅。而對於其他地區的巨型哺乳動物來說，我們是一個全新的物種。一旦遭遇查爾斯・達爾文口中「強大的異邦之術」（Stranger's craft of powers），那些缺乏防範意識或無法有效應付人類的生物群落便會迅速崩潰，這種影響甚至可能波及到相互依存的植物和動物之間的整個生態網絡。

第三章

物種多樣化的地理學

適應性輻射演化、比較方法學和自然實驗

適應性輻射演化為研究地理因素如何影響物種多樣化，提供了讓人印象深刻且充滿啟發的案例。在本章，我們使用自然實驗的比較方法學，深入探討地理因素如何對第二章中提到的島嶼系統（像是加拉巴哥群島、夏威夷群島、馬達加斯加島，以及非洲裂谷大湖）裡的生態與演化多樣化的過程產生影響。這些島嶼系統之所以被選中，原因在於它們呈現了世界上數一數二壯觀的適應性輻射現象，也為**物種多樣化的地理學**提供了極具吸引力的範例和描繪。

儘管自然實驗有其局限性（特別是缺乏嚴格的實驗

控制和再現性），但當關注的機制超出了操縱性實驗的可控範圍（如板塊構造運動、演化、遷徙和滅絕），自然實驗便提供了一種必要的現實性，幫助我們檢視這些機制在不同時空尺度下的運作影響。為了進行這類實驗，我們需要精選出合適的案例，這些案例能夠最小化外部因素引起的偏差，同時最大化我們聚焦的環境因子的變化（如隔離程度、地理區域、地形和島嶼年齡）。

首先，我將比較雀鳥譜系在加拉巴哥和夏威夷這兩個構造與地理條件截然不同的島嶼系統裡發生的適應性輻射演化。接著，我們會深入分析夏威夷群島內，管鴰和半邊蓮這兩個不同生物類群間的協同適應性輻射現象。我們還將採用類似的方法，比較馬達加斯加島和非洲大陸這個世界上物種多樣性和特有度的熱點區域中，不同生物譜系的適應性輻射演化。

最後，我將專門探討東非大裂谷湖泊中的慈鯛。這些魚類展現出極為獨特的適應性輻射演化現象，是其他陸域或水域系統中難以見到的。透過研究這些慈鯛，我們可以深入了解演化創新如何驅動物種分化，以及更新世氣候動盪如何加速這些過程，即使是在未受冰河與冰棚直接影響的地區。然而，可悲的是，這些湖泊中慈鯛的現狀也清楚顯示，驚人的自然輻射演化成果如何在短短的「眨眼之間」因人類干擾而被徹底抹去。

加拉巴哥群島的芬雀和夏威夷的管鴰

現今十分多樣化的加拉巴哥芬雀和夏威夷管鴰被認為各自來自雀亞科（Fringilidae）下的某個祖先物種，牠們早初分別遷徙至加拉巴哥群島和夏威夷群島，踏上彼此各異的演化之路[1]。談到芬雀和管鴰，許多人應該對芬雀比較有印象，因為芬雀曾對達爾文的演化假說有所啟發，也因此，加拉巴哥島上的芬雀又稱達爾文雀。不過，若以物種多樣性來比較，夏威夷的管鴰其實更令人驚艷。與管鴰相比，達爾文雀的物種多樣性明顯較低，若把加拉巴哥群島附近的科科島也算入，總共僅有十四個物種。而管鴰在玻里尼西亞人來到夏威夷群島之前，

1 譯註：目前管鴰已被歸於雀科金翅雀亞科Carduelinae，而達爾文雀則屬於唐納雀科 Thraupidae。

可能就有超過五十個物種。近年來，科學家在夏威夷群島的洞穴和其他亞化石遺址中，陸續發現了可能是近期滅絕的管鴰物種遺骸。因此，夏威夷群島上管鴰譜系從古至今的總物種數量可能還會進一步增加。

從體型來看，加拉巴哥群島的達爾文雀雖然不大不小，羽色也相對單調，但在與食性相關的關鍵特徵上，特別是喙的大小與形狀，卻展現了驚人的多樣性（見圖14）。這些差異充分反映出不同物種適應了各自棲地和生活習性的獨特方式。例如，生活在地面上的物種與在灌木或樹上取食種子和水果的達爾文雀，其喙的形態有明顯的區別。更引人注目的是，有些達爾文雀進一步演化出專門化的喙型和行為。啄木雀型達爾文雀能靈活地利用仙人掌刺，挖掘樹洞中的無脊椎動物作為食物；而吸血雀則更為特殊，它們會刺穿海鳥和鬣蜥的皮膚，以吸取血液為食。

達爾文雀在加拉巴哥群島所演化出的形態和食性多樣性，以及營養層級的專一化程度，與其近親（夏威夷群島的管鴰）相比，程度明顯小得多（見圖15）。由於許多夏威夷管鴰在科學家有機會「發現」它們之前就已

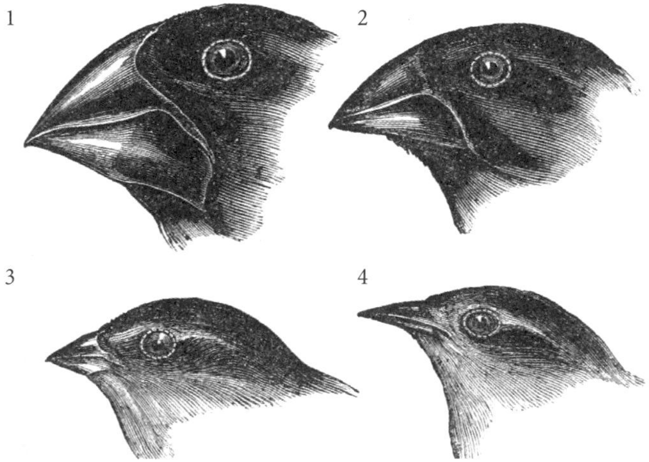

圖14｜加拉巴哥群島的達爾文雀是體型較小且顏色樸素的鳥類，其最顯著的差異在於喙的大小和形狀，這些特徵與它們的食性及棲息地密切相關。這裡展示的是查爾斯．達爾文在1845年所著的《小獵犬號航行記》中，所描繪的四種雀鳥的插圖：1—大地雀（*Geospiza magnirostris*），2—中地雀（*Geospiza fortis*），3—小樹雀（*Geospiza parvula*），4—綠黃鶯雀（*Certhidea olivacea*）。

滅絕，我們或許永遠無法完全掌握這些鳥類輻射演化的規模。然而，從目前已被描述的超過五十種管舌鳥來看，這個雀鳥譜系無論在體型、羽色，還是喙的長度與曲度上，都展現出極高的多樣性。其中，喙的形態在天擇的

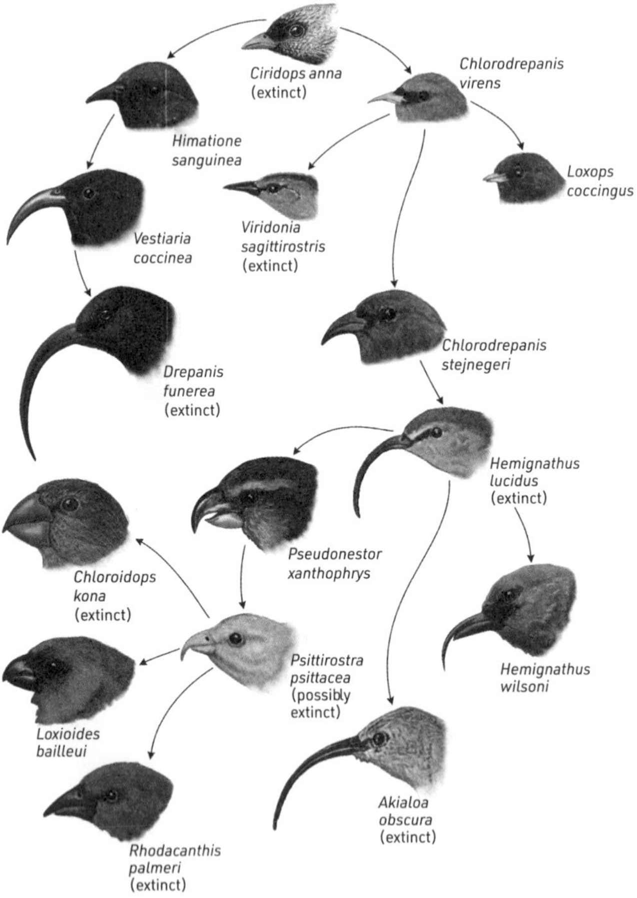

圖15｜夏威夷管舌鳥的適應性輻射演化規模遠遠超過了加拉巴哥群島的達爾文雀。這裡僅展示了五十多種管舌鳥中的一小部分，這些管舌鳥在形態、食性和棲息地方面展現了驚人的多樣化。然而，這些夏威夷管舌鳥中許多現已滅絕的種類，也證明了島嶼特有物種的脆弱性。

推動下，不斷被「重新設計」，使得管鴰能更有效地利用島嶼上多樣的食物資源，包括種子、水果、無脊椎動物以及花蜜等等。這之間，又以花蜜為食的譜系，物種分化歷史最為明顯。這類管鴰的物種分化速率受到另一類也經歷了物種快速分化的生物譜系，夏威夷特有的半邊蓮屬植物的共同演化所促進。關於這類夏威夷特有植物的詳細介紹，將在後文中進一步探討。

加拉巴哥群島與夏威夷群島之間鳥類輻射演化的差異，大抵與兩者間在地理特徵上的顯著差異有關。這些差異包括隔離程度、面積大小、地形特徵，以及島嶼的年齡。但另一個關鍵原因，還是兩個鳥類譜系的拓殖歷史，也就是祖先雀鳥登陸並在這些群島上發生適應性演化的時間長短。島嶼隔離程度對於適應性輻射演化至關重要，因為隔離能阻止基因在祖先與後代種群之間流動，否則遺傳混合可能會降低族群分化的可能性。在一九六七年出版的經典著作《島嶼生物地理學》中，E.O.威爾森與羅伯特・H・麥克阿瑟（Robert Helmer MacArthur）提出，適應性輻射演化的發生需要島嶼具備一個最佳的隔離程度，被稱為「適應區」。每座島嶼的適應區大小會因目標生物分類群擴散能力（即遷移能力）的差異而有所不同。此外，適應性輻射演化的發生，在適應區上需要滿足兩個條件：首先，適應區的上限必須控制在特定物種裡少數具備極強傳播能力的個體能夠抵達的範圍內，或至少是某些個體在偶然機緣下有可能到達的距離。其次，適應區的下限必須要大到能確保島嶼遠離大多數競爭者的擴散範圍，這樣這些競爭者才無法迅速占據島上的生態棲位。這個條件能確保島上生態棲位有充分的空缺，為那些幸運拓殖到島嶼的物種提供演化和生態分化的機會。在後續的分化過程中，這些拓殖者能夠有效地「占據」並利用這些生態空間，最終實現適應性輻射演化。

夏威夷管鴰譜系的輻射演化程度為何遠超過加拉巴哥達爾文雀的三倍以上？首先，這可能與地理位置的孤立性有關。夏威夷群島的地理位置極為偏遠，距離亞洲海岸（推測為管鴰祖先的起源地）約三千六百公里；相比之下，加拉巴哥群島距離達爾文雀祖先的推測起源地南美洲僅九百五十公里左右。此外，有兩個指標與隔離程度密切相關，對於適應性輻射的發生具有關鍵影響。

第一個指標是群島內部的隔離程度。在這些群島中，每個島嶼都可能成為獨立的演化舞台。儘管各個島嶼相對獨立，但它們並非完全孤立，因為島嶼間仍存在一定程度的物種遷移與交流。這種島嶼間的互動不僅沒有阻礙多樣化，反而通過提供新的環境和棲地，促進了群島內物種的多樣化與適應性演化的過程。

而第二種有利條件則與島嶼的大小和面積有關。這個條件雖然乍看之下讓人有些不解，因為它對物種輻射演化的影響似乎是比較間接的，而非像距離所造成的影響那般直接。然而，只要島嶼面積足夠大，島上的地貌通常也會更加多樣化，例如山地和河流這類的地理屏障，它們能夠有效阻礙生物之間的擴散與基因交流，從而促進物種的分化。此外，土地面積和地形特徵往往也是相互關聯的。較大的島嶼通常更有可能出現地勢起伏劇烈的山地，帶來顯著的海拔變化。因此，最大的島嶼往往擁有雄偉的山脈。這些山脈與島上的溪流、河川，以及古代岩漿流動在地表留下的痕跡，都會對當地生物族群的隔離與物種多樣化產生重要的影響。

最後，夏威夷群島的島嶼面積遠大於加拉巴哥群島。以最大的島嶼為例，夏威夷大島的面積達到一萬零四百三十三平方公里，而加拉巴哥群島中最大的伊莎貝拉島則僅有四千七百平方公里。此外，夏威夷群島的地勢也更加高聳，最高點海拔達四千兩百公尺，而加拉巴哥群島的最高海拔僅約一千七百公尺。

島嶼的面積與海拔這兩個地理因素的交互作用，對於促進適應性輻射演化具有多方面的重要影響。首先，較大面積的島嶼往往擁有更大的海拔範圍，從而提供多樣化的棲地類型與潛在的生態棲位，並在空間的三個維度上推動生物多樣性的增長。這三個維度分別為：第一，不同山脈間的環境差異；第二，由於雨影效應，高山兩側產生的截然不同的棲地特徵；第三，從低海拔到高海拔的生態條件梯度。

此外，島嶼面積對物種的滅絕風險具有顯著的影響。大面積的島嶼不僅能減少族群滅絕的可能性，還能為生物族群提供更大的生存空間與多樣化資源，從而間接促進演化分化。反之，若某物種族群在短時間內迅速消失，就難以產生顯著的演化變化。然而，當這些族群能成功定居於面積較大的島嶼時，這些島嶼所具備的豐富資源與天然屏障（如避開暴風雨、洪水等災難事件）則能有效延長族群的存續時間，為演化與生態分化提供穩定的環境基礎。

上述這些討論將引導我們進一步檢視影響兩個島嶼雀鳥譜系適應性輻射演化的最終因素，牠們各自在這些群島上的起源時間，亦即這些島嶼上特有雀鳥物種存在的世代總數。從地質歷史的角度來看，現存的夏威夷群島確實比加拉巴哥群島更古老。夏威夷群島中最古老的島嶼是考艾島，約形成於五百一十萬年前；相較之下，加拉巴哥群島中最古老的聖克里斯托巴爾島則形成於約三百二十萬年前。在這樣的地質背景下，達爾文雀的祖先約於五十萬年前拓殖至加拉巴哥群島（對大多數生態學家而言，這已是一段相當漫長的時間）。而夏威夷管鴰的祖先，即歐亞玫瑰雀，則在令人驚訝的五百八十萬年前便拓殖至夏威夷群島，並在當地建立了第一批族群。值得注意的是，島嶼的地質年齡與雀鳥起源時間之間的明顯差異令人耐人尋味。細心的讀者或許已經察覺到夏威夷島上出現的一個矛盾：為什麼歐亞玫瑰雀能夠在五百八十萬年前定居到一個要到七十萬年後（約五百一十萬年前）才出現的島嶼上呢？

這並非筆誤，而是可以從夏威夷群島的地質歷史中找到答案。還記得嗎，現今的夏威夷群島只是由高溫熔岩熱點形成的火山島鏈中最新的一段。這個熱點推動了不斷生成的火山島嶼，形成了一條長達約六千公里的動態島鏈，向西北方向延伸至阿留申匯聚區。這條島鏈的歷史可追溯至約一千五百萬年前，甚至早於首批歐亞玫瑰雀的到來。換句話說，如今夏威夷管鴰的祖先，首批拓殖成功的歐亞玫瑰雀很可能是登陸在如今已沉沒的更古老島嶼上，這些島嶼如今已沉入海水之下，成為海底山脈或平頂海山。隨著新島嶼陸續從海中升起，火山島鏈上的雀鳥逐步遷徙至新形成的島嶼上，最終來到考艾島，爾後又逐步擴散到群島中最年輕的夏威夷大島（又稱大島）。關於島嶼適應性輻射演化，除了加拉巴哥群島與夏威夷群島，我們還有數百個群島和物種譜系可以進行類似的比較，其所得的主要結論往往十分雷同。適應性輻射演化受到地理因素的顯著影響。在那些相對孤立、面積廣大且地形陡峭的島嶼或群島上，生態和演化分化的現象最為壯麗。

總而言之，這些自然實驗試圖透過選擇親緣關係較近的物種組合（例如達爾文雀與管鴰均屬於雀形目，且為雀亞科的後裔）來「控制」物種間的差異。然而，不可否認的是，親緣關係相差甚遠的物種在許多方面可能存在顯著差異，這些差異可能會影響它們在島嶼或其他隔離系統中，生態與演化分化規模上的程度。因此，接下來我將聚焦於一個案例，該案例涉及一對親緣關係較遠但分布於同一群島的物種譜系。在這個案例中，我將比較夏威夷群島中的半邊蓮屬植物與管鴰，藉此探討它們在適應性輻射演化中的特點與表現，並試圖從中揭示影響物種分化的其他可能因素。

夏威夷群島的半邊蓮和管鴰

半邊蓮屬植物的物種多樣化歷史揭示了適應性輻射演化的一個核心特性，即演化本身具有自我促進的特質。換句話說，物種之間的相互作用會大幅驅動演化，進一步使物種的生存環境更加多樣化，最終導致其基本表型特徵的多樣化。微觀演化尺度上，加拉巴哥達爾文雀在不同族群間的喙型與喙嘴大小，完整詮釋了生態替換的概念。生態替換的假說認為，當兩個處於種化階段的物種同域分布時，生態替換機制會使物種間的特徵差異更加顯著。而從巨觀演化的層次來看，一個譜系的分化也可能促進並強化另一個譜系的分化，尤其是當兩者在生態上產生共生關係時。

以夏威夷的半邊蓮屬植物為例，這些屬於桔梗科（Campanulaceae）的開花植物，其種實與花蜜是管鴰的主要食物來源，同時管鴰也成為這些植物的重要傳粉者與種實傳播者。半邊蓮與管鴰在生態上的聯繫十分緊密，這點在許多宿主植物與管鴰物種的配對中得到充分體現。這些彼此對應的花朵結構與管鴰喙嘴形態明顯是共同演化的產物（見圖16）。然而，這種互利共生的關係也存在潛在的風險。因為一旦其中一方滅絕，極可能會對另一方帶來毀滅性的影響，並引發整個與其有關的生物群落的連鎖反應。

儘管夏威夷半邊蓮與管鴰在同一群島內緊密共生，但半邊蓮的物種多樣化程度遠遠超過了它的共生夥伴。這些植物已經分化出超過一百二十五個物種，隸屬於六

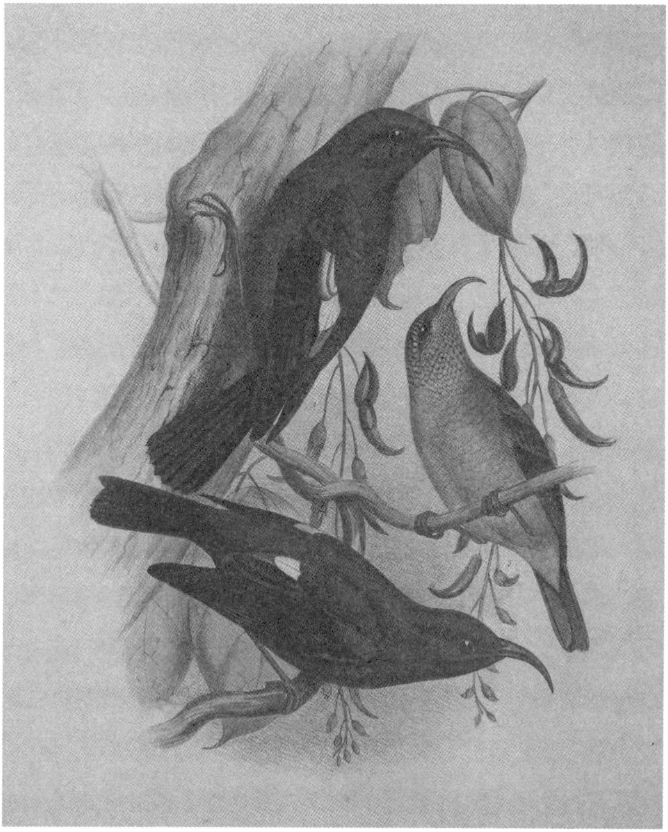

圖16｜夏威夷半邊蓮屬植物提供了夏威夷管鴰主要的食物來源，兩者共同演化，並可能在這種互利共生的關係中，加速了它們各自的適應性輻射演化。

個不同的屬，廣泛分布於夏威夷各個島嶼和多種棲地，從低地的海岸森林一直延伸到群島最高的植被區域。由於半邊蓮和管鴰分屬於兩個完全不同的生物界，兩者之間在生物特性上有許多差異。然而，半邊蓮的高物種多樣性可能歸因於幾個關鍵因素。首先，作為植物，半邊蓮的個體繁殖速度明顯快於屬於脊椎動物的管鴰，這使得它們的演化和種化更加迅速。其次，像半邊蓮這樣的植物，對於棲地類型的界定比動物要精細許多，這有時也被稱為植物對環境條件的「粗粒化（coarse-graned）」。在管鴰眼裡，草甸只是一種特定類型的棲地，但對半邊蓮而言，一片草甸裡卻可以再細分成不同的小型棲地。

半邊蓮與管鴰在生態與演化上的差異，因兩者起源時間相差超過兩倍而進一步放大。親緣關係的研究顯示，夏威夷半邊蓮的祖先是一種木本植物，約在一千三百萬年前登陸一座現已沉沒的島嶼；而管鴰的祖先（歐亞玫瑰雀）則約在五百八十萬年前才拓殖至夏威夷。這段時間比夏威夷群島中現存最古老的考艾島（約五百一十萬年前形成）的地質形成時間早七百萬年以上。根據湯姆．吉夫尼許（Tom Givnish）及其同事的一系列遺傳與生態研究，他們推測半邊蓮的祖先在演化初期的譜系分化速度並不特別快，直到管鴰拓殖至新形成且火山活動活躍的考艾島後，半邊蓮的物種分化過程才開始顯著加速。當半邊蓮在考艾島扎根後，其譜系分化呈現出吉夫尼許等人所描述的「平行且階層式輻射演化」模式。「平行」是指每座島嶼的譜系分化在時空模式上大致相同；而「階層」則表示，每個島的譜系會在島內進一步產生更細緻的分化，包括不同棲地類型（如開闊地或森林）間的分化，不同山坡方位的分化，以及沿著不同海拔產生的分化（例如從沙漠、海岸灌叢到亞高山及高山區域）。最終，這些分化擴展到生長形式（如木本或草本）與生長習性（包括花型類別如頂端或腋生；果實類型如肉質或蒴果；花管長度及花序類型）等更精細的尺度。這些半邊蓮的譜系分化事件，與管鴰、蜜蜂、蝴蝶及其他傳粉者的共同演化密切相關，並受到這些生態交互作用的顯著促進。

馬達加斯加島多樣且特有的譜系

在加拉巴哥以及夏威夷群島上發生的適應性輻射演化及其特徵，同樣也可在馬達加斯加島上多樣化的動植物譜系中見到。這座島嶼面積廣達五十八・七萬平方公里，南北延伸約十三個緯度，距離非洲東海岸約四百公里（在冰河時期，由於海平面下降，距離縮短至約三百公里）。

馬達加斯加動、植物特有譜系的物種多樣性，至少部分歸因於其廣大的面積和由此衍生的多樣棲地與潛在生態棲位。馬達加斯加島的中心地帶被遼闊的高地分隔，此外還有眾多流向低地的河川和溪流。這些天然地理屏障有效地將當地的生物群落分隔成多個獨立的演化場域，從而加速了物種的多樣化進程。更讓人印象深刻的是，馬達加斯加是一個可用來研究各種隔離機制如何影響譜系分化的理想系統。從時間隔離的角度看，馬達加斯加島在約九千萬年前便與印度及其他大陸分離。作為岡瓦那古大陸的一部分，馬達加斯加在生物多樣性上仍保留了一些與印度的相似性。此外，地理孤立與其他陸地的距離，也對其特有譜系的輻射演化起了重要作用。這樣的隔離模式，與吉夫尼許及其同事對夏威夷半邊蓮階層式演化模式的描述相似，進一步顯示出隔離機制在生態與演化多樣化過程中所扮演的核心角色。

馬達加斯加或許比世界上其他任何地方都更能說明地理隔離是與空間距離、時間和物種的擴散能力息息相關。由於馬達加斯加孕育了眾多特有的動、植物譜系，這個獨特的生物群相成為展示「功能性隔離」概念的最佳地點。根據此概念的預測，那些擴散能力較弱且對特定棲地特別專一的物種，像是兩棲動物和非飛行性哺乳動物（像是蝙蝠就是和牠們特性相反的生物類群），它們都比其他生物類群更可能演化出特有率更高且物種多樣化速率較快的譜系。目前這一推論透過科學家們分析馬達加斯加島上各類生物譜系的特有性數據得到了初步的驗證〔見表1〕。

另一方面，馬達加斯加島上大量的特有生物譜系也很適合用來評估譜系年齡對適應性輻射演化規模的影響。為了簡化討論，我們僅以非飛行性哺乳動物為例進行分析。這些動物的祖先大約在距今六千萬年至一千九

表1｜馬達加斯加島本土植物和動物的多樣性及特有度。雖然影響因素眾多，但一般來說，特有度百分比最高的物種往往是那些擴散能力較為有限的物種（例如，非飛行哺乳動物與蝙蝠和鳥類相比來說特有度較高；蝸牛和虎甲蟲與蝴蝶相比亦是；開花植物與蕨類植物相比亦然，因為後者的孢子更容易隨風傳播）。

分類群／生物譜系	抵達時期（百萬年前）	物種數		特有度
		原生物種種數	特有種	
開花植物	25-15	13,000	11,600	89
–五個特有物種數最高的開花植物科				
–蘭科		862	737	85
–茜草科		660	608	92
–爵床科		512	476	93
–大戟科		504	473	94
–豆科		502	449	76
蕨類植物（蕨類、馬尾草、石松）	23	586	265	45
哺乳動物		155	144	93
狐猴	– 60	105	105	100
馬島蝟	42–25	32	32	100
嚙齒類	24–20	27	27	100

食肉哺乳動物	26–19	10	10	100
蝙蝠	16–12	46	36	78
鳥類	45-26	313	181	58
爬蟲類		384	367	96
–淡水龜與陸龜	16–12	11	7	64
–蜥蜴	60–40	240	230	96
–蛇	56–23	88	86	98
兩棲類（蛙類）	70-50	465	465	100
淡水魚	164-145	164	97	59
陸生蝸牛		651	651	100
蝴蝶	22-20	300	211	70
虎甲蟲		203	201	99
蜘蛛（蛛形綱）	16-12	459	390	85

百萬年前期間抵達馬達加斯加。透過分析譜系年齡與物種多樣性的關係，我們在牠們身上可以找到一個明顯模式，那就是在島上棲息時間最長的物種，其物種多樣性也最高。以狐猴為例，在約六千萬年的演化歷史中，牠們演化出超過一百個特有物種。而馬島蝟（Tenrecs）則在約兩千五百萬至四千兩百萬年間分化出約三十個特有

物種，囓齒動物在約兩千萬至兩千四百萬年內也同樣分化出約三十種特有種。

和狐猴、馬島蝟和囓齒類這些雜食性和草食性哺乳動物相比，食肉類哺乳動物的多樣性顯得相形見絀。馬達加斯加的食肉類動物譜系約在一千九百萬至兩千六百萬年前拓殖至此，至今僅分化出十種特有種。這些食肉動物的輻射演化規模如此受限，主要可能是因為牠們對能量的需求比較高，食性更加專一化且具有更廣的活動範圍，以及較長的世代時間。這些特性使得食肉動物的物種演化「渦輪」，轉速明顯慢於狐猴及其他馬達加斯加特有的草食性哺乳動物。

最令人驚嘆的是，馬達加斯加島上的狐猴經過漫長的演化，發展出極為多樣化的營養策略與生態棲位。這種高度分化得益於狐猴在行為、生理和形態上的多樣性。例如，現存狐猴的體型從僅重約三十克的小狐猴，到重達約九・五公斤的大狐猴不等。然而，如果考慮到已滅絕的狐猴譜系，馬達加斯加的狐猴體型範圍會更為驚人。與其他地區相比，馬達加斯加島直到相對晚期才有人類定居。大約在兩千至四千年前，人類才開始進入並定居於這座島嶼。由於人類到來較晚，馬達加斯加在更新世期間逃過了其他地區巨型動物的滅絕浪潮。然而，隨著人類最終踏足這片土地，島上的巨型哺乳動物群開始面臨與其他地區類似的生態危機，逐漸導致生態平衡的崩潰。這種崩潰最明顯的例子是十七種最大型狐猴的選擇性滅絕，包括巨型樹懶狐猴（*Archaeoindris fontoynontii*）。這種狐猴的體重估計在一百六十至兩百四十公斤之間，幾乎與成年大猩猩相當，其體型超過現存小狐猴的體重五千倍。在滅絕名單上還有其他近代消失的巨型動物，包括比現存馬島食蟹獴大約70%的巨型馬島食蟹獴、兩種侏儒河馬，以及高達一公尺、體重超過四百公斤的象鳥。象鳥是目前已知最大的鳥類，並且如預期般完全無法飛行。

最後，我們來比較一下馬達加斯加島非飛行性哺乳動物與飛行脊椎動物（如蝙蝠和鳥類）的輻射演化，看看結果是否符合「功能性隔離」概念的預測模式。根據表1的數據，擴散能力較弱的馬達加斯加脊椎動物展現了極高的特有性比例，其中兩棲類的特有性高達100%，爬行類則為96%。相比之下，蝙蝠和鳥類的特有性比例明顯較低，分別為78%和58%。這些差異支持了擴散能力對物種特有性及輻射演化的重要影響。

在無脊椎動物方面，特有性比例同樣與擴散能力息息相關。陸生蝸牛的特有性高達100%，虎甲達99%，蜘蛛為85%，而擴散能力更強的蝴蝶則僅有70%。植物的特有性數據也反映了相同的模式。透過孢子繁殖且易受風力廣泛傳播的蕨類及其近緣植物，特有性僅為45%；相比之下，開花植物的特有性則高達89%。

東非大裂谷湖泊群的慈鯛

東非大裂谷的淡水湖群孕育了世界上一些最具多樣性且快速特有化的物種。在此湖泊系統裡，超過一千四百種的慈鯛（慈鯛科）棲息在十二個最大的湖泊中，牠們共占全球慈鯛約60%的物種多樣性。東非特有慈鯛的物種多樣化模式與陸地島嶼的生物譜系十分相似，在最大的湖泊群中，如維多利亞湖、馬拉維湖和坦噶尼喀湖，分別擁有超過三百種、兩百種和一百七十種的特有種。

將這些淡水魚類的輻射演化與先前討論的陸生生物譜系進行比較，乍看之下可能會令人困惑，因為兩者屬於完全不同的生物類群與生態系。然而深入研究後可以發現，它們的演化模式與陸地系統中學到的許多原則一致。與陸地島嶼相似，湖泊的面積與最大深度之間也存在共變關係。回顧先前關於板塊構造的討論，東非裂谷帶是一個地質活動頻繁的區域。在這裡，非洲大陸板塊逐漸分裂，形成了廣大的凹陷地貌。這些凹陷在過去三千萬年間逐漸被降雨和地表徑流填滿，最終形成了壯麗的大湖群。

值得注意的是，東非大裂谷的大湖群在更短的時間尺度上展現了極大的動態變化。在更新世的氣候震盪中，這些湖泊經歷了反覆的轉變。在冰河期時，乾旱使得湖泊的最深部分被隔離為獨立的小湖，而隨後的間冰期則又促使這些湖泊重新填滿並相互聯結。因此，慈鯛在冰河期經歷了與世隔絕的多樣化過程，隨後在間冰期的生態互動中加速了進一步的多樣化。這個過程在過去兩百六十萬年間反覆了二十至二十五次。

除了地質和地理等非生物因素的影響外，慈鯛物種的多樣化速率還與其自身的生理特徵密切相關。在東非大裂谷的深水湖泊中，這些特徵限制了慈鯛各譜系間的基因交流。例如，多數慈鯛物種具有高度的棲地專一性，有些只出現在特定的水深範圍內，有些則局限於沙質或岩質沉積物為主的小型棲地。此外，牠們的活動範圍通常極為狹小，表現出高度的領域性和強烈的「戀地性」（philopatry）。即使幼魚在成長期間可能散布到較遠的地方，成熟後仍會回到出生地繁殖。儘管牠們具備在湖泊中自由遷徙的能力，研究卻顯示，慈鯛的基因交流範圍通常只局限在距出生地數公尺內。這些生理與行為上的特性，促使慈鯛在生態和演化過程中，呈現出精細且區域化的分化模式。

慈鯛在生態和演化上展現的繁複分化，實際上涉及了一種獨特的形態創新，也就是牠們獨特的咽顎構造，其位於典型的口顎之後。對於脊椎動物而言，顎的主要功能是協助進食，包括捕捉、殺死、咀嚼和攝取獵物，且通常只有一組。而慈鯛的獨特之處在於其擁有兩套口顎，使得每對顎都能獨立發展出專屬的演化特徵。隨著時間推移，這些特化的雙顎系統可能協同工作，進而產

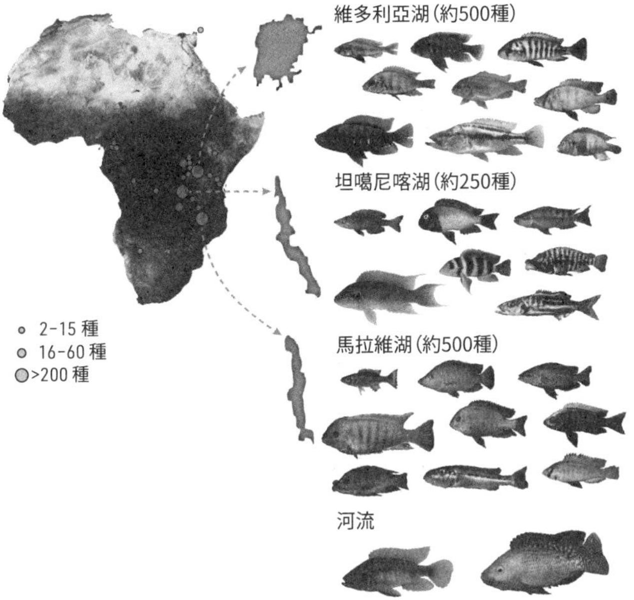

圖17｜東非裂谷湖中的慈鯛代表了一個在湖泊間以及湖泊內經歷了驚人適應性輻射演化的譜系，其中大部分演化發生在更新世的氣候劇變期間。右側展示的圖片只是這一譜系中超過一千個物種中的一小部分樣本。

生多樣化的功能分化。事實證明，東非大裂谷湖泊的慈鯛，其口顎結構、牙齒形態和攝食習性在各類生態棲位中展現了極大的多樣性（見圖17）。

或許有些出人意料，但所有這些因素的綜合作用，在該地區最小，且形成時間最短的湖泊之一的納布加博湖中得到了最佳體現。納布加博湖的形成源於一條沙洲沿著維多利亞湖西岸延伸，將部分湖域分隔開來，最終形成這個面積僅二十二平方公里的小湖。儘管該湖僅在約四千年前才開始孤立，但目前它已孕育出至少五種特有的慈鯛物種。

然而，東非大裂谷湖群這個迷人的湖泊生態系，以及裡頭讓人驚艷的慈鯛物種多樣性，代表的不僅僅只是適應性輻射演化的非凡力量，在保育生物學上也是一個活生生、血淋淋的教訓。就像達爾文對加拉巴哥群島原生生物與生俱來的「天真」與脆弱性的擔憂，這樣的擔憂也同樣適用於島嶼之外，類似孤立地理實體中演化的生物群體，包括水生生物。

以維多利亞湖為例，在尼羅河鱸魚（*Lates niloticus*）被引入僅數十年內，這種魚類就對該湖的慈鯛物種造成了災難性影響。尼羅河鱸魚在幼年時是慈鯛的強力競爭者，成年後則成為貪婪的掠食者，其體型可達近兩公尺長、體重超過兩百四十公斤。這一入侵物種最終導致維多利亞湖約三百種特有慈鯛中的兩百種滅絕，對該湖的生態系統造成了無法挽回的破壞。

適應性輻射演化研究的最新進展

上述提到的案例雖然精彩，但它們僅僅是已知適應性輻射演化中的一小部分，甚至可能只是自然界中無數適應性輻射現象的冰山一角。在我們目前探討的地理框架（尤其是夏威夷群島、馬達加斯加島和東非裂谷湖）之外，許多島嶼的生物分類群同樣經歷了適應性輻射演化，只是規模可能不如我們關注的這些類群顯著。像是熱帶大西洋和太平洋的珊瑚礁及孤立島嶼，就是適應性輻射演化的重要舞台。這些區域孕育了豐富的脊椎動物、無脊椎動物和植物，典型例子包括加勒比海的沙氏變色蜥蜴、太平洋群島的陸生蝸牛，以及菲律賓群島的哺乳動物，其中菲律賓甚至擁有比馬達加斯加更多的特有哺乳動物物種。

這些分布於不同地區和類群的適應性輻射演化案例，特別是不同功能物種群的比較，強力地證明了生物地理學的一個核心觀點：演化是一個跨越空間與時間持續進行的過程，其規模與地理因素息息相關。而適應性輻射演化的規模將隨著以下地理因素的變化而增加：

- 隔離（隔離有一個最佳條件，即所謂的「適應區」，這取決於物種的擴散、傳播能力），
- 島嶼面積，它會與島嶼的海拔高度（或湖泊深度）、地形多樣性以及各類島嶼環境條件協同作用。

在這些自然實驗中，有一個看似被忽略的重要地理維度，那就是緯度。事實上，前面提到的所有適應性輻射案例，以及目前已知的幾乎所有適應性輻射演化現象（至少針對現存生物群落而言），幾乎都集中發生在熱帶地區。這並非研究方法上的誤差或人為刻意忽略，而是大自然自身運作的結果。如前述章節所指出，熱帶地區強烈的太陽輻射，不僅為地球上幾乎所有生命形式提供了能量來源（透過光合作用來驅動），也在生態和演化層面推動了生物譜系的多樣化進程。此外，熱帶的高生產力與氣候穩定性，使得許多物種能夠逐步演化出更細

緻且專一的生態棲位，因此在同樣的空間範圍內，熱帶地區能容納比高緯度地區更多的物種。值得注意的是，熱帶地區強烈的太陽輻射還可能加速許多生物的突變率。而隨著環境溫度的提升，生物成熟與繁殖的速度也相應加快。這些條件共同促成了熱帶地區生物系的演化速率和物種多樣化速率，遠遠高於高緯度地區。

不過這種模式還進一步與適應性輻射的自我催化特性有關。在全球的熱帶島嶼和湖泊中，適應性輻射演化不僅會導致對特定棲位高度專一的物種，也似乎會降低物種擴散的能力。這種趨勢意味著，隨著輻射演化的發展，譜系中愈近期產生的物種分布的生態與地理空間也愈孤立，進而使物種多樣化的空間尺度逐步縮小，從大範圍的，在不同群島系統間的分化，到群島內島嶼間的分化，最終聚焦到單一島嶼內的局部分化。這一現象在夏威夷果蠅的輻射演化中表現得尤為明顯。目前，夏威夷果蠅已演化出約八百個物種，其中一些物種僅分布在一類名為「kīpukas」的地貌裡。「kīpukas」是因最近熔岩流沿山坡流動，將所經土地分割成許多彼此隔離、小型的塊狀地貌。

然而，所有規則都有例外，能夠被稱為「物種大熔爐」的地方也可能出現在非熱帶地區，譬如貝加爾湖。這座遼闊的湖泊位於北緯五十三度的西伯利亞，卻是全球水生生物特有種的熱點之一。這裡的生物多樣性包括六十多種魚類，其中一半以上是特有種（來自三個特有科）；五百多種特有的甲殼動物；湖邊棲息的一百五十種蝸牛中，80%是特有種，以及世界上唯一的淡水海豹，貝加爾海豹（*Pusa siberica*）。這種情況進一步加深了我們對演化分化和適應性輻射驅動力量的理解。透過研究，我們可以歸納出驅動貝加爾湖的生物多樣性和特有性的三個關鍵因素，它們分別是面積、隔離性和古老性。

貝加爾湖是世界上最大的（按體積計算）和最深的湖泊之一，也是最孤立和古老的淡水水體之一。它大約形成於兩千五百萬年前，始於一座裂開的裂谷。然而，雖然貝加爾湖的巨大面積和隔離性對其物種多樣性有著重要影響，但仍無法完全抵消其位於非熱帶地區的劣勢。因為，很明顯地，非洲大裂谷的熱帶大湖比貝加爾湖的面積小得多，也不如貝加爾湖那麼孤立，但其水生生物的多樣性和特有性卻遠遠超過貝加爾湖。因此，雖然許多因素都可能強烈影響適應性輻射演化，但地理位置仍然是關鍵，熱帶地區仍然是地球上生命演化最重要的熔爐。

在第四章，我們將深入探討歷史生物地理學這一快速發展的領域，重建各種生物譜系在空間和時間上的演化歷史。第五章將關注物種多樣性的地理模式，包括區域到全球範圍內的主要地理維度，並深入探討島嶼生物的奇蹟和其面臨的威脅。

第四章

追溯生物跨越時空的演化

歷史生物地理學的歷史

地理學者最具代表性且視覺上最吸引人的創造物莫過於地圖，而這些地圖通常以兩種形式呈現。第一種是靜態地圖，例如分布圖或系統圖（systematic maps），主要用來描繪特定時段內物種的地理分布。第二種則是動態地圖，例如時序圖（chorological maps），用於重建特定譜系的演化發展和地理擴張歷程。特別是動態地圖，正是歷史生物地理學研究的核心。這門學科的起源可以追溯至十八世紀早期的博物學家和地質學者，當時他們初次嘗試將地理分布與演化歷史相結合，開啟了探索生物地理過程的新視角。

卡爾・林奈（1707–78）將畢生獻給上帝，致力於描述和分類祂在這顆星球上創造的生物大觀園。在有生之年，林奈記錄了超過九千種植物和四千多種動物，並創立了二名法這個至今仍在使用的生物命名系統。靠著二名法系統，林奈得以在這座由上帝創造、宛如帶有生命的博物館裡，整理著不斷增多的物種清單。此外，林奈也是歷史上首位描述地球上所有生靈如何從原始的天堂樂園向四方遷徙、傳播的過程。他甚至還提出了生物如何在經歷過聖經裡的大洪水後，從避難所向外擴散的理論（天堂山假說，圖18）。然而，由於當時多數人都認為地球僅有幾千年歷史，這使得林奈對全球生命起源和擴散歷史的重建被局限在狹促的時間區段裡，導致其嚴重低估了地球上實際的物種多樣性和地質歷史的長度。

類似的思想局限也展現在林奈對地球的陸塊、氣候和物種不會演化的認知上。在林奈生活的年代，沒有人想像得出整個大陸會像春天融雪時池塘上的冰塊一樣漂移到地球的另一端。當然，當時的人們並非覺得地球環境不會改變，他們當然知道氣候會隨季節變化，也明白世界偶爾會因為上帝的介入而產生災難般的天氣，但那

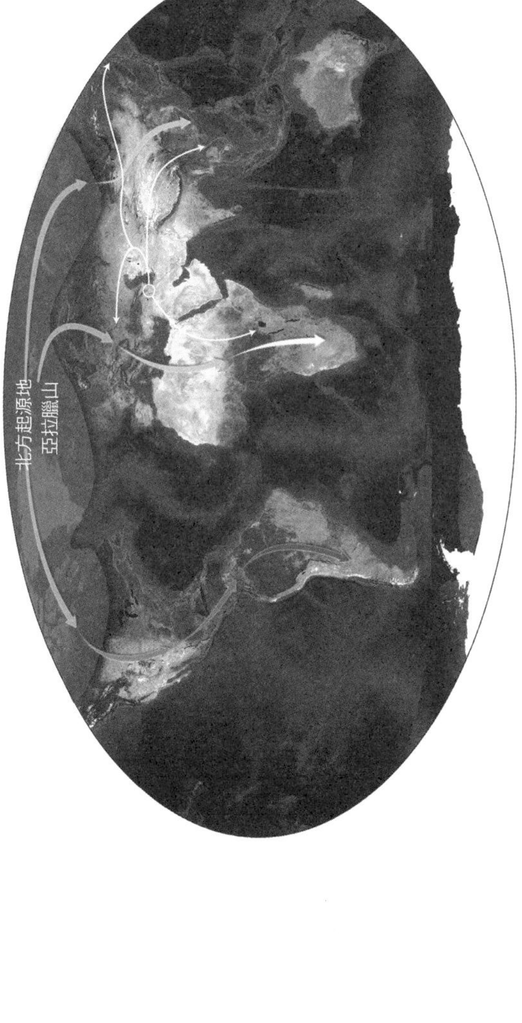

圖18｜兩個最早涉及全球範圍內生命起源及其傳播的概念，分別是卡爾・林奈的「天堂山假說」和布豐伯爵的「北方起源論」。林奈的「天堂山假說」認為，所有生命都起源於亞拉臘山（當時被認為是世界最高的山峰）；而布豐的「北方起源論」則提出，生命的最初起源地位於北方，隨後向全球遷徙擴展。

個年代的科學家很少有人能揣明，地球也有自己的「季節性」，而它的冬天可以長達數十萬年。不光如此，也很少有科學家能明白地球上的生物種類是會變的——它們可以「演化」，甚至成為新的物種。這種觀點不僅在林奈的時代是異端邪說，而且因為多數人對遺傳學所知甚稀，因此生物會演化的觀點對他們來說近乎天方夜譚。

十八世紀後期，布豐為了解釋為什麼地球上不同地區居住著不同的物種群落，提出了一個名為「北方起源論」的革命性主張。這一理論建立在地球的氣候和物種皆會變化的觀點上，從而打破了當時人們對地球的傳統認知。明確來說，北方起源論認為當時為人所知的各類生物，其祖先皆曾生活在北方，因為那時地球的氣候比現在更溫暖，北方地區也不例外（見圖18）。布豐最初將這片生命的北方原鄉定位於遙遠的北極地區，因為北極與北半球的新大陸（美洲）和舊大陸（歐亞大陸）相連接。這一地理關係使得後來地球逐漸變冷時，生命得以向兩個大陸遷徙、避難。然而，布豐的北方起源論中最具革命性（也是最具異端色彩）的部分，或許是他斷言物種是可變的。北方起源論認為，北極物種在向南方遷徙的過程中，其後代會逐漸改變，以適應離開北極後遇到的不同環境。這種跨越南北半球的遷徙，造成了即使位於相同氣候帶，南美洲和非洲的熱帶卻擁有不同物種組合的現象。這一現象也是布豐定律最初的關鍵性生物分布模式的產生原因。

恩斯特·海克爾（Ernst Haeckel, 1834-1919）與阿爾弗雷德·羅素·華萊士是同時代人。海克爾除了引入或普及了包括「生態學」、「胚胎學」、「門」、「親緣關係」和「原生生物界」等基本生物學概念和術語外，在其科學生涯裡始終堅持，任何對生命分布和動態的描述都必須基於達爾文的天擇理論。海克爾的地圖（如圖19）展示了智人（即我們這個物種）的地理分布和演化歷程，從我們的天堂起源地出發，跨越陸地和海洋，在不同地區分化成海克爾和他那個時代（二十世紀初）所知的不同人類族群。

歷史生物地理學的初期發展，充分顯示了理論與經驗知識之間如何相互影響並依存的關係。但如果我們想要進一步拓展生命形式橫跨不同時空尺度的演化理論，我們必須對自然模式有更深入的理解，尤其是對地球在

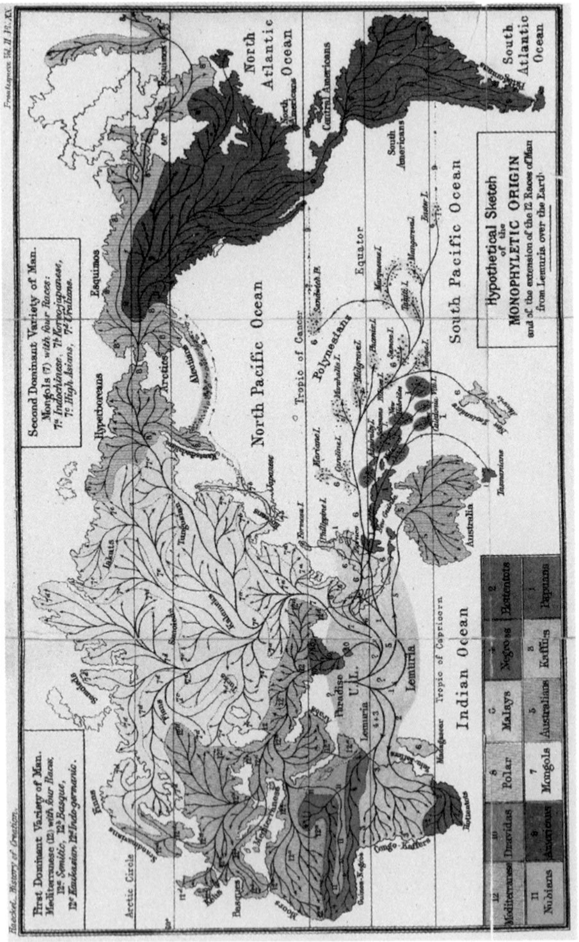

圖19｜恩斯特．海克爾繪製的人類遷徙地圖，儘管在很大程度上並不正確，但它是早期時序圖的範例之一。這張地圖展示了海克爾對於我們物種的地理起源，以及早期人類族群隨後的遷徙和分化的觀點。

不同時空中的變化。對歷史生物地理學而言，要準確重建各類生物譜系在時空裡完整的演化歷程，仍需要來自不同領域的科學家攜手合作而生的創意與智慧。

現代歷史生物地理學

現代歷史生物地理學雖然在方法與工具上不斷推陳出新，但它的核心目標始終只有一個：重建目標譜系的**親緣地理學**。這意味著描述一個生物譜系在全球範圍內，隨著時空變化而演化、分化與輻射的歷程。為達成這一目標，親緣關係的重建需要依循以下五個關鍵步驟和方法：

1. 建立一個與目標物種特徵相關的數據庫，包含遺傳或形態性狀的資料。
2. 確定目標譜系中各物種之間共有的性狀。
3. 使用統計分析和不同的演算法，判定這些共有性狀是否源自共同祖先。
4. 計算並繪製**支序圖**（Cladogram），這是一種樹狀結構圖，用以呈現目標譜系從祖先到現代後代的分化模式。

5. 採用額外的演算法、軟體，以及化石與其他定年資料，確定譜系內各分枝的演化長度（即分枝間的時間距離）。這些分枝長度可用於重建親緣關係樹，呈現譜系分化的歷史與時序。

在上述基礎上，再結合物種在古今各時期的分布資訊，歷史生物地理學家能運用先進的電腦程式與地理資訊系統（GIS）製作地理譜系圖。這些圖不僅展示了目標譜系的演化歷程，還揭示了其在不同時空尺度下的分布範圍。

在深入探討親緣地理可視化的實例之前，我們需要先了解建立親緣關係樹圖、親緣地理圖及地理譜系圖時的一些基本假設與方法。首先，親緣關係樹圖的構建是基於比較目標譜系中各物種的特徵或性狀，包括形態性狀（例如與生殖相關或受到天擇強烈作用的特徵）以及遺傳性狀（例如動物的核基因片段或粒線體DNA，植物的葉綠體特定DNA片段）。

這種分析往往需要建立一個龐大的數據庫，詳細記錄每個物種所具備的性狀及其狀態。同時，數據庫中不僅包括目標譜系的成員，還需納入一些與目標譜系具有親緣關係、但在分類學上並不屬於該譜系的物種，這些物種稱為「外群」。比較外群和目標譜系成員的性狀，有助於辨別哪些性狀較古老、是祖先型特徵（即「祖徵」〔plesiomorphy〕），以及哪些性狀是演化過程中新出現的「衍生」特徵（apomorphy，即「裔徵」〔synapomorphy〕）。

在產生支序樹圖的過程裡，一個關鍵概念是「共享裔徵」，即一個共同祖先的所有後代都具備的特徵。這類共享裔徵是推論親緣關係的基礎：共享裔徵越多的兩個物種，在支序圖中彼此的親緣關係越接近。以此為基礎，我們可以通過計算兩物種間的共享裔徵數量，來推測它們的親緣遠近。

支序圖裡每個演化分支的長度都是相等的，因為演化分支只是為了描繪目標譜系裡，代表各物種的分化過程，而不是為了反映每次分化事件發生的實際或相對時間。而另一方面，我們還可以進一步將親緣關係樹與化石裡特定形態特徵出現的年代，或是利用演化分支的分化率、DNA的突變率相結合，進行所謂的「分子鐘」的分析。一旦目標譜系裡各物種間的親緣關係被我們成功推定出來了，這層關係可以被套用到許多不同的情境裡，譬如當物種分布地區間的地質歷史是已知的話，我們可以將親緣關係樹裡演化分支的分化年代和順序，與依據地質學家發表的陸塊或海洋盆地的分裂與開裂歷史所產生的**分布區支序圖**來做交叉比較。所謂的分布區支序圖，在這裡舉一個夏威夷群島的例子（圖20），這張圖呈現了群島裡各島嶼浮出海面、面積擴張和被海水淹沒的時序，這些島嶼之間的關係完全由地質資料所決定，而與建構親緣關係樹或物種支序圖的方法無關（圖20）。

圖20呈現了一個地理親緣關係的案例，展示*Banza*屬螽斯在夏威夷群島的親緣地理圖。約七百二十萬年前，牠們首次散布到尼豪島。當時尼豪島仍是夏威夷群島的一部分，但隨著板塊運動，該島已被移至現今夏威夷群島的西北方。兩百萬年後，這些螽斯遷徙至當時新浮現的考艾島。之後，*Banza*屬螽斯的傳播模式呈現出一種逐步遞進的方式（**漸進法則**）：牠們似乎隨著火山

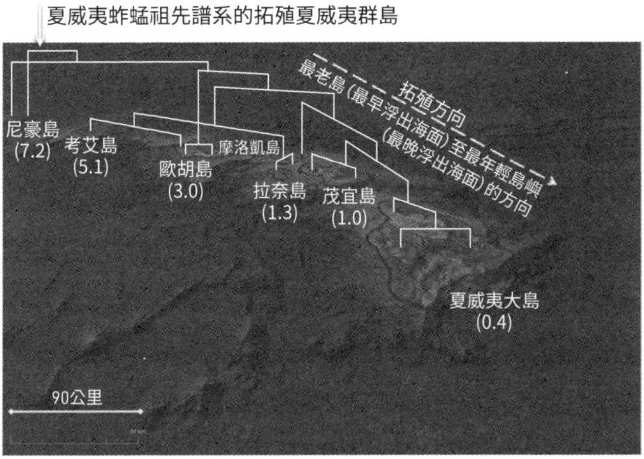

圖20｜夏威夷螽斯（*Banza*）的親緣關係圖與夏威夷群島的形成順序大致一致，顯示出螽斯的遷徙和隨後的多樣化，主要是隨著島嶼的發展和出現而展開的（從古老到較新的島嶼）。這一過程大約發生在過去的720萬年之中，反映了螽斯的多樣性與夏威夷群島形成歷程之間的密切關聯。

活動新形成的島嶼逐漸向東擴散，每當有新的島嶼浮現，牠們就從較老的島嶼遷徙到新的島嶼上。牠們的地理分化與夏威夷群島火山地形的形成歷程相互呼應，顯示出與島嶼發育同步的親緣地理演化模式。

不過，對於在地質歷史更複雜的群島裡演化的生

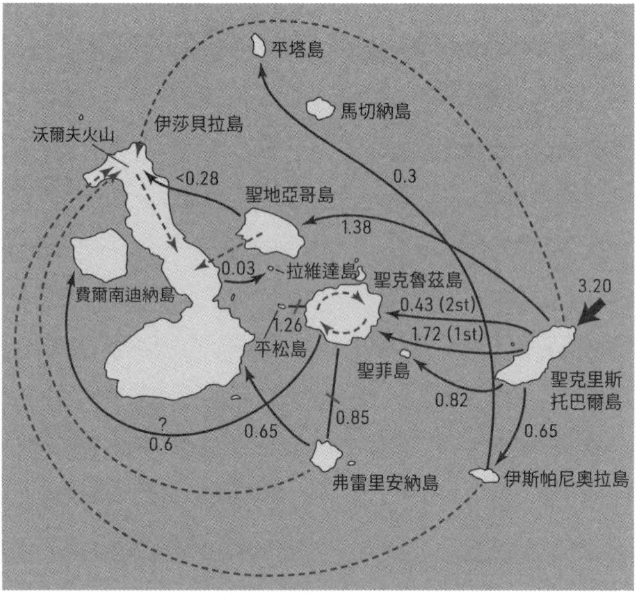

圖21｜與夏威夷許多物種的相對簡單的演化軌跡相比，加拉巴哥象龜的地理支序圖展現了更複雜的遷徙模式，其反映了物種本身自然和借助人為的擴散，以及群島的複雜地質歷史，譬如，這些島嶼曾經連接在一起，後來隨著火山活動的反覆出現，經歷了土地和族群的分裂(即地理割裂)。圖中粗黑箭頭表示象龜最早約320萬年前遷徙到最古老的聖克里斯托巴爾島，隨後的實線箭頭代表自然擴散路徑，而虛線箭頭則表示人類幫助下的遷徙。曾經連接在一起，後來因火山活動導致陸橋沉沒而分裂的島嶼則以斜線標註。

物譜系而言，它們的地理親緣關係圖可能會更加複雜。當島嶼的年齡和地理構造的形成並非依循漸進法則（即簡單的線性演變過程）時，地理親緣關係圖將顯示出更複雜的模式。例如，加拉巴哥群島的象龜就是一個典型的例子。牠們的地理親緣圖顯示出島嶼族群間偶爾的逆向傳播（從較年輕的島嶼遷徙回較古老的島嶼），以及因早期火山島之間的陸橋沉沒（因海平面上升）而導致的族群分離，在生物地理學上稱為**地理割裂事件**（Vicariance，見圖21）。然而，即使是地質歷史遵循簡單漸進法則的群島，如果目標譜系中的物種具有卓越的傳播能力，能夠克服島嶼間距，其地理親緣關係圖也可能展示出複雜的網狀結構，例如同樣在夏威夷群島上的某類陸生蝸牛（見圖22）。

從地質學和生物學的角度來看，夏威夷群島是個充滿變遷的系統。而*Banza*屬螽斯的地理親緣關係圖僅僅是這個系統中許多已知或正在發表的親緣地理圖之一。事實上，當代歷史生物地理學家在努力重建各類親緣地理圖時，夏威夷群島的案例只占其中一小部分。每位研究者往往專注於自己感興趣的分類群和生態系，因此構

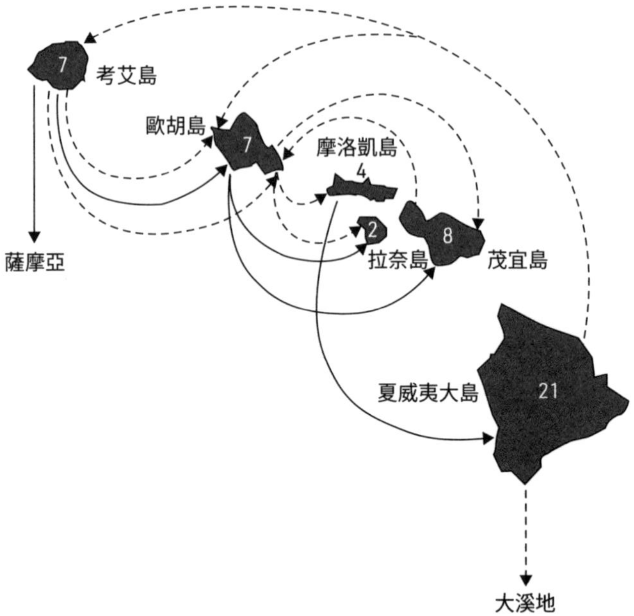

圖22｜縱使島嶼的形成過程可能遵循著簡單且規律的順序，對於那些具有強大傳播能力的物種譜系，其地理支序圖仍可能因為族群之間頻繁的回遷而變得複雜。譬如，在此展示的是夏威夷群島上的琥珀蝸牛的跨島傳播情況，隨著群島從東南的夏威夷大島向西北最古老的考艾島逐漸延伸，島嶼的年齡逐漸增加。每個島嶼上的數字表示該島上此蝸牛譜系的特有物種數量。箭頭則指出了夏威夷蝸牛向遠方的薩摩亞和大溪地進行傳播和拓殖的方向。

建出他們偏重研究的地理親緣圖。然而，儘管研究者的興趣各有側重，有一類生物譜系的親緣地理學受到普遍的重視——那就是我們自己，智人（*Homo sapiens*），以及我們的近緣靈長類親屬。在第七章中，我將從生物地理學的角度，深入探討智人這個物種的動態歷史。在此之前，讓我們先來看看新一代統計方法和技術工具如何推動親緣地理學的最新進展，並了解這些技術如何成為探索生物地理學兩大基本模式：地區的獨特性和地球的演化變遷的強大工具。

布豐定律的現代視覺化

在許多親緣地理圖的重建裡，末端的每個分支代表的都是現存的某個物種。從區域的角度來看，這些物種的組合即定義了該區域在生物學上的獨特性，這個概念在生物地理學裡非常重要，尤其是對布豐定律這個生物地理學最基本的模式而言。事實上，生物地理學裡的生物地理區分布圖（map of biogeographic region）便是由此衍生而來的一種視覺化圖像，其目的是為了在地圖上將地表上不同的演化地理單元給劃定出來。圖3展示的是華萊士於一八七六年發表的全球動物地理區分布圖，就是典型的生物地理區分布圖範例。本質上，這類圖表就是一張將許多生物譜系分布圖統整在一起的地圖，因此想當然耳，當歷史生物地理學學者想要將各生物譜系的演化與分布歷史統整在地圖上，並依此來劃定出生物地理區（亦即演化地理單元）時，他們用的就是和親緣關係樹和親緣地理圖重建的同一套的方法。以此為目標的歷史生物地理學研究主要有兩層意義，其一是為了劃定出生物地理區（有時這種劃分是帶有階層性質的，如圖23所示），其二，是為了提供每個生物地理區內生物組成的基本描述，並基於區域間共享或特有的物種名錄來評估和計算該地區和其他區域在生物學上的相似性或獨特性。

雖然親緣關係的重建和全球生物地理區的劃分在方法上有相似之處，但仍有兩個明顯的差異。首先，親緣分析以確定不同的演化單元（例如物種或亞種）為起點，而生物地理區分析則從劃定演化地域（即生物地理區）著手。其次，親緣關係學通過分析物種間共享的、由共

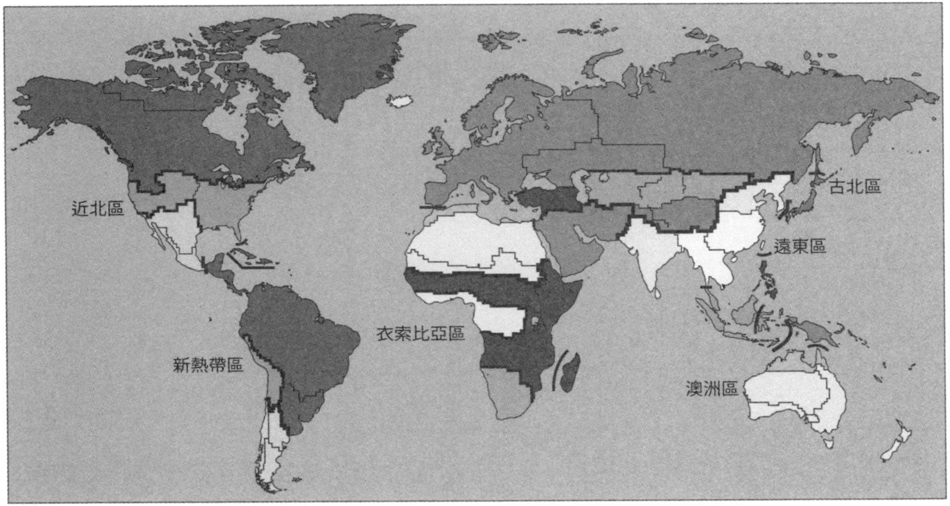

圖23｜與阿爾弗雷德．羅素．華萊士的經典世界動物地理區分布圖（見圖3）類似，其他生物地理學家也繪製了全球生物地理區的分層地圖。這些地圖利用統計學中的聚類分析方法，根據哺乳動物物種群落間的相似性（即共享的物種）來劃分演化區域，從而展現了生物地理學的分區意涵。

同祖先衍生的遺傳或形態性狀的相似性，來推測物種之間的親緣關係；而生物地理區的劃分則是通過將具有相似組成的生物群落聚合在一起，進而劃分成不同的生物地理區。在這種劃分過程中，用於區分不同生物群落的核心標準，是群落內的特有種組成。更具體地說，生物地理區的劃分採用了從廣義到精細的層次結構（例如，區域、子區域、省）。每一層次的區劃是根據其共享的生物分類單位的相似性來界定的。例如，區域是基於其共享的特有科來劃分，子區域則基於共享的特有屬，依此類推。

華萊士的動物地理區分布圖（圖3）展示了他為全球生物地理區劃分階層的構想。至今我們仍在使用這張圖，證明了他的見解、熱情和累積而來的豐富知識。華萊士在一八七六年所製的這張地圖，及其上對每個區域和亞區的大量描述，都是基於他對脊椎動物（特別是哺乳動物）分布記錄的詳盡研究。哺乳動物之所以被他策略性地選擇作為研究對象，是因為牠們是當時被研究的比較詳盡的一個生物類群，而且和鳥類或昆蟲相比，牠們的遷徙能力相對有限，因此更可能在地理分布上受到限制，亦即哺乳動物比較容易特有於某個特定區域，而這種現象有助於劃分生物地理區。

不同世代的科學家站在華萊士的研究基礎上，已經在方法學、地理分布數據的收集、隔離生物群落的地理或物理屏障、以及用於視覺化全球生物地理區的製圖工具、GIS和其他技術方面，都取得了大幅的進展。然而，不論這些方法如何推陳出新，其最終的目標都是為了劃定和描述世界上生物地理區。如今，全球生物地理區的劃分已經涵蓋了各種生命形式，包括哺乳動物和其他脊椎動物、無脊椎動物、植物、真菌和微生物，從陸地到海洋生態系統，從沿海地區和大洋表層水域一直到深海深處（圖23和圖24）。

行文至此，關於世界生物地理區的劃分還有一點值得我們特別留意。當初，地球不同區域間所呈現出的演化獨特性令布豐和他同時代人感到震驚，而這個特點現正因為人類勢力在地球上各種空間和環境裡的擴展而逐漸消失。地球上大部分的生物類群和區域都難逃人類造成的同質化影響。區域特有種滅絕，以及外來種引入這類的人為活動正在消弭不同區域間的演化獨特性，使地

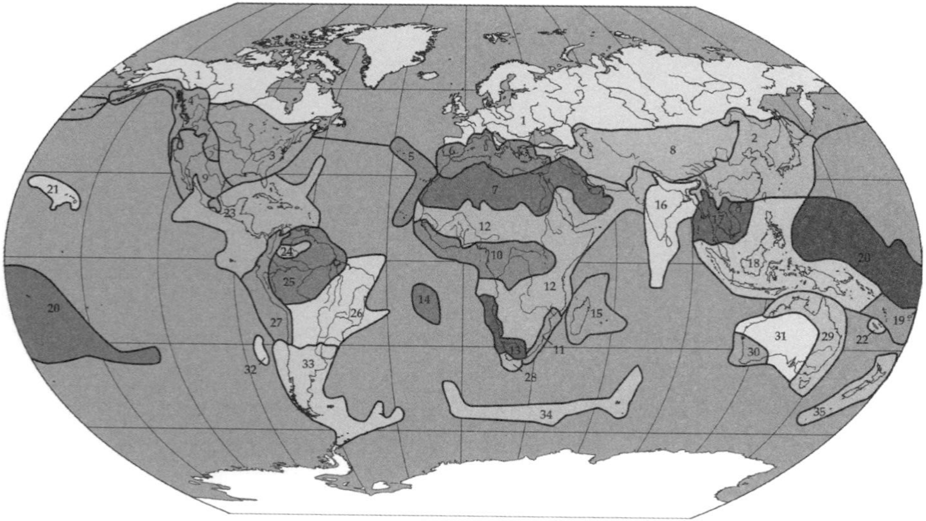

圖24｜儘管這些生物地理區與華萊士的動物地理區域圖（圖3，主要基於哺乳動物、鳥類和爬行動物）的相似程度很高，但針對不同物種群體所劃分的生物地理區域往往也會展現出一些關鍵的差異，這些差異可能反映了各生物類群本身在傳播能力、地理起源以及演化歷史上的不同。而此圖展示的正是基於陸生植物分布所劃分出的全球三十五個植物地理區分布圖。

球上的生物群落變得越來越相似。事實上，這兩種人為的同質化效應是相互關聯的，因為物種引入是導致特有種滅絕的主要原因之一。

葛楚・史坦因曾感嘆地方獨特性的消失，用一句「彼處無他方」道出這種遺憾。如今，很悲哀的是，這句話已成為日益同質化的生物圈中的真實寫照。我們或許未親身經歷過瑞秋・卡森（Rachel Carson）在一九六二年所警示的《寂靜的春天》，但此時此刻，我們亦已見證了在像夏威夷這樣與世隔絕、充滿獨特魅力的地方，本應迴盪著由管鴰和其他本土鳥種傳唱的優美鳴聲，已被蟬和波多黎各樹蛙等外來物種發出的單調嘈雜聲取而代之。

第五章

生物多樣性的地理學

親生命性、生物多樣性與生物地理學者們的巨觀視角

天擇形塑了包括我們自身在內的所有生命形式，正如達爾文和華萊士所教導的那樣。這一過程涵蓋了形態、生理、行為和生態多樣性等各方面。對於我們的祖先而言，理解自然界如何隨環境的變遷而改變是一項至關重要的生存技能。適應不同海拔，從海岸移往內陸，或是從淺海逐漸深入深海的環境轉變，這些知識對於他們的生存至關重要。這種對自然界的理解，不僅反映在人類祖先與天擇的互動中，也體現在我們內心深處對自然的渴望。哲學家埃里希·佛洛姆於一九六四年首次提

出「親生命性」(biophilia)一詞，描述了自然界對人類的吸引力。隨後在一九八四年，E.O. 威爾遜進一步發展了這一概念，將其解釋為人類與所有生命形式之間的遺傳聯繫。此外，生物多樣性是E.O. 威爾遜在一九八〇年代提出的另一個重要概念。正如第一章所述，生物多樣性是一個包羅萬象的術語，涵蓋了生命所有特徵的多樣性。從細胞的化學組成到整個生物群體的多樣性與獨特性，皆囊括其中，全面展現了生命的多彩面貌。

然而，生物多樣性越是引人入勝，它那看似無窮無盡的複雜性也就越令人感到困惑。究竟我們該如何理解大自然從細胞階層，到其他更高階層（分類學、生物學及生態學）的多樣性？答案或許十分明確，那就是跟隨洪堡、達爾文、華萊士，以及威爾遜等偉大博物學者的腳步，運用詹姆斯．H．布朗所說的生物地理學的「巨觀視角」(macroscope)來看待世界。

「巨觀視角」這一概念源自洪堡的研究，他在厄瓜多欽博拉索山進行探索時，將植物、動物與環境條件的變化進行視覺化表達，揭示了生態系在不同海拔高度的關聯性與變化規律。另一方面，達爾文和華萊士在「巨觀視角」上的重要洞見則源於他們所具備的，將動物族群隨時間與空間逐漸累積的遺傳變異進行視覺化的能力，例如他們在加拉巴哥群島和印尼群島間看到的差異。這些發現再次突顯了生物地理學的核心原則：當我們將生物多樣性置於一個或多個關鍵地理維度上加以視覺化時，其不論是在面積、隔離程度、緯度、地面海拔高度，還是海洋的深度上，其複雜性往往都會變得更清晰且易於觀察。

生物多樣性的意義及測量

在地理學發展的兩個多世紀裡，研究者不僅闡明了一些關於生物多樣性的驚人通則，還提出了一系列令人讚嘆的解釋來解析這些模式。雖然生物多樣性的測量可以涉及多個層次、質化特徵和量化方法，但大多數研究仍然集中於**物種豐度**（species richness）和**特有度**（endemicity）這些相對簡單且直觀的衡量指標。物種豐度指的是在特定範圍內物種數量的加總。例如，我們可能會計算某個池塘、湖泊或海洋盆地內魚類物種的總數。雖然這種方法看起來有點過於簡化，但它提供了一種便於理解的方式來表示生物多樣性價值的複雜性。當然，我們也逐步發展出其他評估多樣性的方式，這部分源自於人類對自然界中像是「寶石」般的稀有事物的關注。正是這種對稀有性的偏愛，讓我們對特有物種產生了特別的興趣。

為了驗證這種現象，可以進行一個簡單的思想實驗。假設有兩個生物群體，它們的物種豐度完全相同。其中一個群體由一些常見於各種生態系的物種組成，而另一個群體則全由該地區獨有的特有物種構成。大多數人可能會因為特有物種的稀有性，而對第二個群體表現出更大的興趣。然而，人們對特有物種的偏愛不僅來自情感上的偏好，也有一些更為務實的理由。與分布廣泛的全球性物種相比，一旦某個特有物種從其棲地中消失，這個物種便會在地球上絕跡，而存在於其體內的遺傳遺產[2]也將一併永久逝去。

---

2 譯註：在該物種體內累積而來的獨特的遺傳變異。

橫跨於海陸之間的地理梯度

熱帶地區的繽紛多樣性。約翰・萊因霍爾德・福斯特（Johann Reinhold Forster）是詹姆斯・庫克（James Cook）在一七七二年至一七七五年環航世界探險中的隨船博物學者。他是首位對物種豐度在緯度梯度上的變化，這個生物多樣性在地理尺度上的一項重要模式進行科學描述的人。福斯特在觀察南半球群島植物的分布時發現，物種豐度（或物種密度，即每標準樣區面積內的物種數量）在熱帶地區最高，並隨著緯度向兩極方向逐漸下降。爾後，這一模式被其他科學家進一步拓展，如今可用於解釋全球不同地區以及幾乎所有生態系內的動植物譜系，成為地球生物多樣性分布規律的一個核心理論。

福斯特可能不僅僅是第一個清楚闡述這個規律的人，他還提出對應的因果假說。他將這種規律的成因歸於熱帶地區強烈的太陽輻射。如今，物種豐度隨緯度變化的梯度現象已經有許多種假說和解釋，而其中一種即認為，熱帶地區的高物種多樣性是由強烈的太陽輻射所驅動的。然而，或許熱帶地區物種多樣性特別高還有一個更深層的原因，也就是地球的幾何形狀。在當代各式生物多樣性假說中，影響物種豐度分布的假說主要有四種，而它們之間的關鍵共同點都與地球的球形特性有關：

1. **太陽輻射**：熱帶生態系因強烈的太陽輻射而受益，這種輻射以光和熱的形式展現。充沛的陽光不僅能提高了植物的生產力，也能夠讓更多的植物得以生長，這為初級消費者、肉食動物提供了更豐富的資源。熱則提高了溫度，加快生長速度，縮短了生物的生長週期。同時，強烈的紫外線輻射也可能提高遺傳上的突變率，使得物種演化的渦輪在熱帶地區運轉得更加迅速。
2. **氣候穩定性**：熱帶地區的氣候條件無論是在一年內，還是更長的時間尺度上（例如在更新世冰川循環期間），變化幅度都相對較小。這種大範圍的氣候穩定性，使得熱帶地區的物種有機會演化出更為專一化的生態棲位。與高緯度的生態系統相比，這種特化生態位的發展，讓熱帶地區能夠在同一地區或生態單元中容納更多的物種，進一步提升了生物多樣性。

3. **表面積：**熱帶地區的陸地和海洋盆地的面積較大，可以在資源上、棲息地和可能的生態棲位上支持更多的植物和動物族群，降低了物種滅絕的風險。
4. **熱帶地區更古老：**與高緯度地區的陸地或海洋生態系相比，熱帶地區的生態系通常已在熱帶環境中存在更長的時間。這樣的歷史悠久性，為物種多樣性的累積提供了更多機會，無論是通過演化產生新物種，還是來自其他地區的物種遷入，熱帶地區因此擁有更豐富的生物多樣性。

雖然我們可能不會直覺地想到熱帶地區的生物譜系更為古老，但當我們這一推論與上述其他假說放在一起比較時，會發現它們的共同基礎都源自地球作為球體的幾何特性。正是這一幾何特性，使這些因素能夠有效回答為什麼熱帶地區擁有如此高的生物多樣性。試想，如果地球是平的，或者在某種未來科學的奇幻旅程中，我們設計出一個圓柱形的「第二地球」，那麼在這些另類現實的情境裡，我們將發現以下這些與我們熟悉的世界截然不同的情況：

1. 太陽輻射的分布將在全球範圍內保持一致，不再因緯度而異；
2. 氣候條件僅會因圓柱體的傾斜方向改變而隨時間有所變化，但在任何特定時間內，氣候幾乎不會隨緯度產生明顯差異；
3. 在這個圓柱形星球的地圖上，位於「熱帶」的中緯度區域將不再比其他緯度帶更廣大，而是與其他緯度地帶面積相等；
4. 如果構造板塊可以在這個「第二地球」上漂移，那麼它們將在高緯度區域和中緯度區域（即熱帶）的停留時間相等，因為所有緯度的區域面積相同。

回到真實的現實世界，由於地球是球體，熱帶地區最能直接地接收太陽的光線（見上述第1點）。地球的自轉軸傾斜，並隨季節改變方向，夏季時軸心指向太陽，冬季則背向太陽，這種傾斜造成了四季的形成。然而，由於熱帶地區與太陽光線幾乎垂直（見第2點），四季變化在這裡相對不明顯。此外，地球的球形特徵，使得位於中間凸起區域、跨越了四十七個緯度帶的熱帶區域覆蓋了更多的陸地和海洋（見第3點）。因此，即使板塊隨機漂移，它們在廣大的熱帶區域停留的時間也相對更長（見第4點）。

最後，我們可以借助上述假說，重新審視並深化對生物地理學三大基本機制的理解。回顧前面章節提到的內容，**生物在地球上出現的各種變異，主要都是受到演化、遷徙與滅絕等三大生物地理基本機制的影響**。進一步，這些變異所展示出來的模式，往往是這些機制單一或協同作用的結果。在這個脈絡下，熱帶地區之所以擁有極高的物種豐富度，正是第1至第4點中描述的多種因素共同作用的結果。這些條件促進了物種數量的累積，主要通過演化和遷徙不斷增加；而物種滅絕相對較少，則使這種累積得以延續並持久。

全球尺度上，物種豐度的另外兩種梯度分布模式，展現在**在海平面之上與之下**。這些模式雖然涵蓋的地理範圍較為局限，但呈現出令人好奇的特徵。雖然關於海平面上下的研究不及緯度梯度那般透徹，但從已知的模式裡可以發現兩者之間似乎呈現出相互對應的鏡像關係。基於早期的一些觀察，人們發現生物多樣性在靠近海平面的地區達到最高峰，隨著向山坡上升或向海洋深處下降而逐漸減少。然而，近年的研究揭示了一種截然不同的模式：無論是在陸地還是海洋環境中，物種多樣性通常在中海拔或中等深度處達到峰值，而不是簡單地往高度或深度的兩端減少。

要解釋這種分布模式，我們必須回到地理模板的本質。地理模板反映了多種環境因子的綜合影響，這些因子會隨著主要地理維度的變化（在這裡是指海拔和深度）而相互變動。當我們沿著山坡向上攀升，或進入海洋深處時，環境條件會以複雜但可以預測的方式發生變化，某些條件對生物的生存變得更為有利，而另一些則可能更加不利。舉例來說，隨著海拔升高，氣壓會降低，其中包括氧氣和二氧化碳的分壓。這種變化對生物的適應和分布產生了深遠的影響，幫助我們理解為什麼物種多樣性會在某些中間高度或深度達到高峰。

在海平面之上，當氣壓降低時，空氣的溫度也會隨之下降，這是因為氣壓降低，空氣分子之間的碰撞次數減少。然而，由於冷空氣無法攜帶太多水分，隨著我們繼續攀登山坡，降水量反而因此增加。此外，因為本身的幾何特性，低海拔的棲地通常面積更大且彼此連結性更高，而高海拔的棲地則不僅規模較小，還更加孤立。因此，生活在高海拔地區的生物族群彼此間的基因交流較少，更容易在遺傳上發生分化，形成特有種。此外，由於地理上的孤立，棲息在山坡高處的族群較少受到寄生生物、競爭者以及掠食者（包括人類）的威脅，而這些威脅通常容易出現在更低海拔、連通性更高且氣候更溫暖的棲地間。總體來說，儘管環境特徵沿著山坡所生的共變模式相當複雜，但我們可以將其簡化為，在生物的生存上，某些因素變得更有利，而另一些則變得不利。而這些環境條件的最佳組合往往位於低地與高山地帶間的某個中間地帶。

接著，讓我們前往海洋表面，往下探討深海環境的變化。隨著深度的增加，許多關鍵的環境因素也會隨之改變，這種改變雖然複雜，但在質性上是可以預測的。像是作為幾乎所有生態系主要能量來源的太陽輻射，其強度會隨深度減弱，太陽光線的穿透力也會隨之迅速下降。類似地，海水溫度也會隨著深度的增加而降低。然而，缺乏陽光的深水區域對生物來說也有其獨特的優勢。這些區域遠離暴風雨等擾動事件，環境條件相對穩定。由於海洋生物最終都會死亡並沉降到海底，有機養分得以在深水區域累積。最終，海洋深水區域提供的棲地空間遠大於陽光照射的表層區域，為海洋生物提供了更廣闊的生活空間。而這最後一點，往往因為我們不了解陸地與海洋生態系間的關鍵差異之處而被忽略。

幾乎所有陸生生物都集中在地表上方幾公尺到地下幾公分間薄薄一層的區域裡。相比之下，海洋環境是真正的三維空間。海洋生物在整個水柱中覓食、繁殖並演化，其中大部分生活在透光層之下，即光線足以支撐光合作用的上層水域（約海平面下八十公尺以內）。因此，就像我們之前在海拔梯度中所看到的，海洋生物的最佳生存條件應該介於表層水域與海洋深淵之間的地帶，在那裡，適生的環境條件達到一個理想的平衡。

需要注意的是，物種多樣性在中海拔和中深度達到峰值的鏡像模式，一開始並沒有像緯度梯度那樣豐富的研究資料作為支撐。這或許表明，不同生物類群在海拔或深度分布上確實存在不一致性。例如，有些物種的多樣性在中海拔達到峰值，而另一些則更集中於低海拔地區。然而，這些模式的普世性確實是可能存在的！一直到最近，研究者逐漸發現要找到這種模式，需要更精細的物種分布數據，而這些數據的空間尺度十分細緻，細到是僅涵蓋數百公尺的範圍。相較之下，研究物種多樣性緯度梯度的空間尺度往往涵蓋了數千公里。

隨著生物地理學家、生態學家以及演化生物學家對生物多樣性地理學的興趣日益濃厚，這個領域正逐步迎來復興的契機。這些科學家再度追隨洪堡的足跡，將山地視為天然的實驗室，深入探索生物群落如何在山坡上因應地理模板中環境的變化。與此同時，在海洋這片地球上最廣袤但也最具挑戰性的生態系統中，我們的探索能力和執行尖端科學研究的能力在過去幾十年裡大幅提升。這些進展為我們提供了越來越全面的視角，逐步幫助我們理解這顆「藍色星球」上仍處於初步認知階段的生物多樣性及其地理分布格局。

島嶼間的物種豐度

正如前述章節已經指出的，島嶼一直是具有特別指標意義的自然實驗室，揭示了許多生物地理學、演化論和生態學裡最具變革性的見解，而且正如我們將在第七章中看到的那樣，島嶼研究在最新且關鍵的保育生物學研究領域中發揮了核心作用。讓我們重新回顧那些早期的探險家的成就，尤其是約翰·萊因霍爾德·福斯特的發現。在一七七二年至一七七五年間，他在旅程橫跨於南半球的海洋，致力於植物研究。他是島嶼生物多樣性中兩個基本模式的發現者，裡頭之一的**物種與面積的關係**，甚至在近兩個世紀後，被生態學者譽為是生態學中最接近自然規律的一種現象。

福斯特不僅揭示了島嶼植物的物種豐度隨島嶼面積增加而增加的規律，還指出了另一個關鍵現象：島嶼的孤立程度越高，植物的物種數量就越少，這也就是所謂的**物種與隔離程度的關係**，且距離陸地愈遠、愈孤立的島嶼，其上的植物相比距離陸地較近的島嶼更加獨特。後者與我們在第三章中關於適應性輻射的討論完全一致，那時我們說，如果一座島嶼的面積夠大且隔離程度高，它通常會是物種多樣化和特有度高的一個物種多樣性熱點。事實上，福斯特所揭示的這兩種島嶼生物多樣性的基本模式，強調了區分物種多樣性（即物種豐富度）與特有度（即某個島嶼上特有物種所占比例）這兩種生物多樣性衡量方式之間本質差異的重要性。

爾後，在福斯特之後的兩個世紀裡，生物地理學家和生態學家逐步深入研究島嶼系統內的生物多樣性模式。他們不僅對這些模式的實際形式進行了愈加精細的描述，還提出了一系列令人印象深刻的解釋。然而，無論是解釋哪一種特定模式，研究哪一類生物分類群，或者聚焦於哪種類型的島嶼或類似島嶼的生態系統（例如湖泊、洞穴或破碎的森林），所有這些解釋都基於一個核心原則，那就是面積和隔離程度對三大生物地理學基本機制（遷移、滅絕和演化）產生的影響。

想像我們正巡航於地球表面，手握一個能觀測整個生態系統物種豐度的巨觀透鏡。無論我們掃視的是下方何種生態系，海洋島嶼、湖泊、珊瑚礁，或是熱帶雨林的斑塊，亦或讓巨觀透鏡鎖定在觀察某一特定生物分類群的視角，我們都能發現物種與面積、物種與隔離程度這兩種生物多樣性的模式。其中，物種－面積關係應該是最常見且最容易被記錄到，我們將發現生態系的面積越大，擁有的物種數量越多。然而，當我們觀測小型到中型生態系時，另一種比較隱晦的模式也將出現在巨觀透鏡中，我們會發現在這類生態系裡，物種豐度一開始會因為面積增大而迅速增加，但隨著生態系規模持續擴大，增長的速度便會開始減緩，呈現出增益遞減的趨勢。當生態系面積進一步擴大，物種豐度的增加變得愈加緩慢。

接著，我們改變飛行路徑，將觀測範圍從海岸線逐步拓展到更為遙遠的島嶼。此時，物種與隔離程度的關係這一普遍存在的模式逐漸顯現。透過巨觀視角，我們可以清晰觀察到，這種模式幾乎適用於所有類型的物種與生態系。在靠近海岸的島嶼上，物種豐度隨著隔離程度的增加迅速減少。然而，當島嶼距離陸地越遠時，這種下降的速度開始放緩，逐漸趨於平緩，最終在最孤立的島嶼上接近於零。

在生物地理學早期的歷史中，對於這兩種模式的解釋時常基於生態因素的考量。較大的島嶼為什麼能容納更多的物種？這是因為它們能夠攔截更多的陽光，從而提高自身的承載能力，為植物及其他生命形式提供更豐富的資源。此外，在地理模板的框架下，面積更大的系統可以容納更多樣化的環境，例如低地、山脈、湖泊、河流和沼澤等，這為物種的棲息提供了更加多樣的生態棲位選擇。

也因此，當我們沿著第二條飛行路徑觀察大小相似的島嶼時，可以看到靠近大陸的島嶼通常擁有更多的物種。這反映出的情況就像物種對資源的需求和對生態棲位的喜好各不相同，它們的傳播能力也有所差異。鄰近大陸的島嶼上，因而常常匯聚許多來自大陸的物種；而當我們的觀測範圍轉向更為孤立的島嶼時，島上物種的組成會變得越來越有限，因為只有那些最厲害的或最幸運的生物能夠傳播至此。紀錄顯示，這些生物可能是蝙蝠、鳥類和飛行昆蟲；搭乘被風暴吹離岸邊的漂浮植物上的小型鼠類；附著在候鳥腳部或腹部泥漿中的植物種實和小型蝸牛。

然而，隨著生物地理學、生態學和演化生物學在二十世紀中葉逐漸進展，研究人員遇到越來越多的挫折。這兩種生物多樣性模式始終無法解釋所有的島嶼。為了對觀察結果作出解釋，他們不得不提出各種特異的假說。比如，有些島嶼之所以僅有特定的物種，是因為它只擁有某些棲地類型，而有些島嶼雖然涵蓋了所有關鍵的棲地類型，卻因為過於孤立，導致某些物種無法抵達。隨著研究推進，到二十世紀六〇年代，生物地理學，特別是蓬勃發展的島嶼生物地理學，逐漸陷入了一場科學危機。研究者開始對基於特定島嶼或物種生態特徵的個案性或臨時性解釋感到不滿，認為這些說法過於偶然，缺乏系統性，難以提供一致的科學框架。為了解決這場危機，一場科學革命勢在必行。正如自然科學歷史裡許多變革性的進步一樣，這次突破需要全新的研究綜合與合作，而參與其中的是二十世紀兩位傑出的生態學家與生物地理學家，E. O. 威爾遜與羅伯特·赫爾默·麥克阿瑟。

羅伯特·麥克阿瑟不僅是二十世紀中葉數學生態學的先驅之一，也是一位才華洋溢的博物學者。他早期撰寫了一些經典著作，探討鳥類族群之間的競爭與共生關係。而E. O. 威爾遜則是自幼即展現出卓越的博物學天賦，對昆蟲著迷，並以其非凡的歸納推理能力聞名。或許你還記得在第一章中，威爾遜曾製作一張螞蟻在美拉尼西亞群島分布的地圖，並以此歸納出一個深具遠見的理論，可以用來描述島嶼生物譜系在生態與演化中的發展階段。該理論涵蓋了物種祖先首次定居於島嶼沿岸棲地的過程，以及後代逐漸適應、擴散，並因為對棲地演化出過度的專一性而被局限於島嶼內部，最終走向滅絕的完整演化歷程。這一理論被稱為「分類群循環理論」（Wilson's theory of the Taxon Cycle）。

然而，讓人感到有些不合理的是，兩位傑出的博物學者推動了這一領域進展的開創性合作，竟然是以忽略物種差異及物種間的生態互動為前提而展開的。而這正是麥克阿瑟與威爾遜理論的核心魅力，體現了簡單之美。該理論採取了物種中性的立場來闡明島嶼生物多樣性的物種與面積的關係以及物種與隔離程度的關係，他們假設物種在資源需求、生態棲位或傳播能力方面不存在任何差異，這個理論即為「**島嶼生物地理學的平衡理論**」。在物種中性的前提下，平衡理論認為島嶼物種豐度的變化僅取決於滅絕與遷徙這兩個基本機制的相互作用。而這兩個機制，無論涉及的物種為何，反過來又都受到島嶼面積和隔離程度的影響。

他們的理論，尤其是所謂的圖形模型（graphical model），一開始就僅聚焦在單個島嶼的動態變化上。他們假設這座島嶼最初完全沒有物種棲息（圖25a），並模擬了島嶼逐漸被物種填滿，島上物種的遷徙率與滅絕率的變化。在這一理論中，遷徙被定義為在每個時間段裡，有多少未曾出現在島上的新物種抵達島上。因此，隨著島嶼上已有物種的數量增加，能夠被視為「新物種」的候選物種數量逐漸減少，導致遷徙率下降。相對地，隨著島嶼物種豐富度的增加，滅絕率應該也會上升。這是因為島嶼上物種越多，潛在可能滅絕的物種也越多。基於這些簡單的假設，且不涉及物種或島嶼本身特性的任何細節，該理論預測物種遷徙率的曲線與滅絕率的曲線最終會在某一點相交（圖25a）。在這個交點上，遷入率（透過遷徙新增的物種數量）等於流失率（因滅絕而消失的物種數量）。此時，島嶼上的物種組成達到了一種穩定的動態平衡。

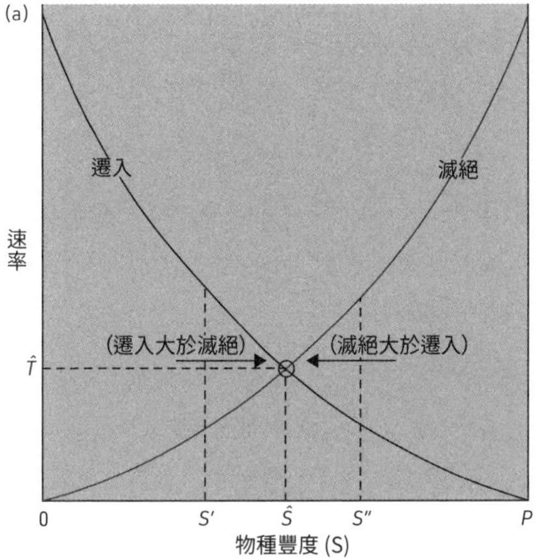

圖 25a｜羅伯特・H・麥克阿瑟和 E. O. 威爾遜的島嶼生物地理學平衡理論的圖形模型。該模型主要分為兩部分：首先 (a) 說明遷移和滅絕這兩個基本機制是如何隨著一個原本空無一物的島嶼陸續被物種充滿而產生的變化，以及 (b) 說明遷入率和滅絕率在面積和隔離程度不同的島嶼上應該如何變化，用以解釋模型與物種／面積和物種／隔離程度之間的關係。

這種平衡一方面被稱為「穩定」，是因為當島嶼上的物種豐度受到某種干擾而低於平衡點時，遷入率會再次超過滅絕率，從而使物種豐度回升。同樣地，當物種豐度超過平衡點時，滅絕率則會超過遷入率，導致物種豐度回落到平衡點。而另一方面，這種平衡所謂的「動態」，是因為該理論認為，雖然島嶼上的物種總數可能長期保持在一個相對穩定的狀態，但居住在島上的物種組成並非一成不變。因為隨著時間的推移，新遷入的物種會逐步取代那些已經滅絕的物種。

麥克阿瑟與威爾遜的模型以其優雅與簡潔而著稱，但一直到現在，這個模型始終沒有直接討論到島嶼的面積與隔離程度。為了更全面地解釋此模型物種中性理論的意涵，以及其與物種與面積和物種與隔離程度之間的關係，他們在單一島嶼模型的基礎上，進一步增加了模型的複雜性。具體來說，他們提出了一個關鍵問題：不同面積與隔離程度的島嶼，其滅絕率和遷入率的曲線將如何變化？

他們將這樣的變化被納入了他們的新模型（如圖25b所示），並發現新模型提供的解答與原始模型一樣，保持了簡潔之美，易於理解。在這個新模型裡，由於較大的島嶼因為擁有更多的資源，因此滅絕率應該比較低；因此，大島嶼的遷入率曲線與滅絕率曲線的交叉點

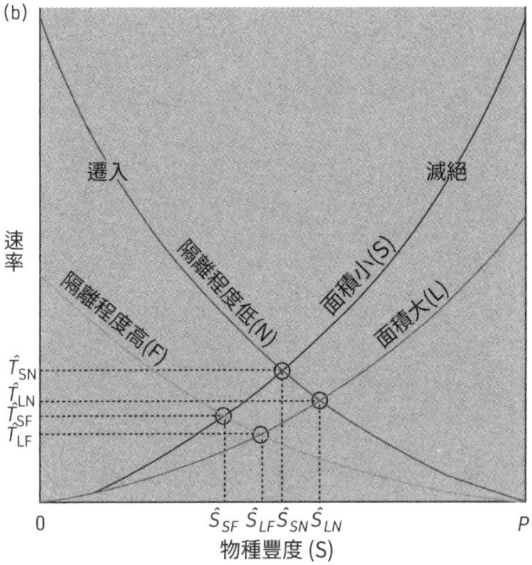

圖 25b｜說明遷入率和滅絕率在面積和隔離程度不同的島嶼上應該如何變化，用以解釋模型與物種／面積和物種／隔離程度之間的關係。

（也就是動態平衡點）在圖形模型裡出現的位置，會比小島嶼更右側，因為如前所述，大島嶼的資源較多，滅絕率較低因此物種豐度基本上就比小島嶼高，而隨著島嶼面積增加，可以容納的基本物種豐度也越高，交叉點也因此會愈來愈往右側移動。另一方面，島嶼遷入率理論上會隨隔離程度變化。愈孤立的島嶼遷入率愈低，島上的物種豐度也越低；因此，隨著隔離程度的增加，島嶼上預期的物種豐度也愈低，交叉點（動態平衡點）會越向左測移動。

威爾遜與麥克阿瑟於一九六七年發表的專著，迅速成為經典之作，徹底改變了我們研究島嶼物種變化的方式。在二十世紀接下來的幾十年中，一代科學家致力於測試兩人提出的物種中性模型假設，評估其在各種生態系統和分類群中的普世性。他們也同時探索該理論在海洋島嶼以及其他類似島嶼系統中的應用潛力，特別是在保護受威脅物種方面。隨著千禧年的到來，科學家們研究的重心逐漸轉移。一批新一代的科學家開始對麥克阿瑟與威爾遜理論裡的簡化假設提出質疑，包括物種豐度長期穩定平衡的假設、不考慮物種間差異（也就是物種等價性）的前提，以及對生態作用的忽視。這些科學家試圖突破原有理論的框架，尋找替代的解釋模型，以揭示**群落組成**（community assembly）中更為廣泛的模式。他們特別關注非等價物種如何以非隨機的方式累積，並探討這些現象背後的機制，為群落組成的過程提供更全面的視角。

諷刺的是，最早對島嶼生物地理學平衡理論及其簡單假設提出挑戰的人，竟然包含了威爾遜本人以及他的一位傑出學生——丹尼爾·辛伯洛夫（Daniel Simberloff）。辛伯洛夫是那個時代的重要生態學家之一，為了完成他的博士論文，兩人組成的團隊決定檢驗平衡理論的核心假設。他們的目標是驗證一個原本沒有生物棲息的島嶼，物種豐度是否會逐漸累積並最終達到穩定的平衡，以及在新物種持續取代滅絕物種的動態下，這種平衡是否能一直保持。他們在佛羅里達礁島群的一組小島上設計了一項雄心勃勃且巧妙的野外實驗。他們首先使用溴化甲烷清除了島上所有的無脊椎動物，將島嶼重置為「空白狀態」。隨後的兩年間，他們對這些島嶼進行了仔細的調查，詳細記錄了每一個遷入或滅絕的物種。起初，實驗結果似乎完全支持平衡理論的基本假設。他們觀察到物種豐度迅速增加，然後逐漸趨於穩定，每個島嶼的物種數量都接近一個明顯的平衡點。同時，物種的替換也持續發生著。令他們驚訝的是，在兩年的時間裡，辛伯洛夫和威爾遜在每個島嶼上觀察到不僅一個平衡點，而是兩個，甚至可能三個在本質上截然不同的平衡點（如圖26所示）。

首先，當島嶼達到兩人口中初始的「非交互式（non-interactive）」平衡點後，物種豐度逐漸下降，進入物種豐度較低的「交互式」平衡點。他們推測，這種減少是由於物種之間的競爭或捕食等負面交互作用導致的，這些作用促使部分物種滅絕，從而對物種豐度產生影響。隨著時間推移，物種豐富度再次回升，趨近於他們假設的第三個平衡點，即「配對式」平衡。他們認為，這種平衡可能是經過多代的生態篩選後，由那些具有更

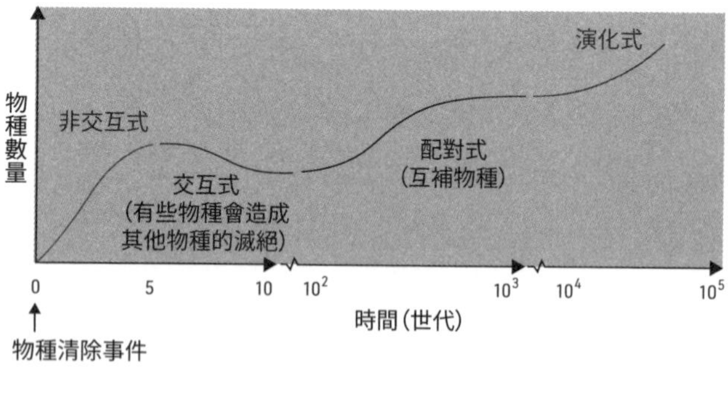

圖26｜丹尼爾・辛伯洛夫和E. O. 威爾遜在佛羅里達群島礁島群上針對無脊椎動物的清除（defaunation）和再拓殖進行的經典、操縱性野外實驗，並依此實驗結果所提出的一個假設的平衡狀態時間序列。

高互補性（如更多互利共生）的物種組合所形成的。這些是辛伯洛夫和威爾遜在時空範圍有限的田野實驗中得出的結果。然而，我們不妨進一步再想想看，如果島嶼的面積足夠大且實驗能持續足夠長的時間，島嶼內或許會通過原地種化（in situ speciation）的機制，進入新物種演化的階段。這一過程可能將物種豐度的平衡推向動態曲線的最終階段（如圖26所示）。然而，要將辛伯洛夫和威爾遜在佛羅里達礁島群的實驗延伸至更大的島嶼系統，肯定會面臨巨大的後勤挑戰。因此，我們只能推測，在面積非常大且年代極其久遠的島嶼上，物種豐度或許會持續增加，最終達到一種第四類的「演化式」平衡狀態。

辛伯洛夫與威爾遜這項經典的野外實驗，帶來的洞見遠遠超出了其對平衡理論的驗證。他們將物種差異、生態互動、長期動態（包括非平衡狀態的物種組合）以及演化過程重新整合到島嶼生物地理學理論中，這為整整一代的實證研究與理論發展奠定了基礎。他們的結果證實，除了簡單之美，我們也可以在複雜之中找到美感，前提是我們能夠策略性地設計適當的「巨觀透鏡」

來觀察這些模式，並開發出更具整合性的理論來解釋它們。辛伯洛夫與威爾遜的實驗與模型，以及後來由他們的同事與下一代科學家發展出的其他眾多模型，在在證明了物種與面積的關係以及物種與隔離程度的關係，可能比最初設想的更為複雜。儘管如此，這些模式的變化依然是可以預測的，無論是在世界各地的海洋島嶼，還是在其他類島嶼系統中，皆是如此。

研究物種與面積關係的效益早已不只是所謂的數據擬合練習（curve-fitting exercise）。透過探索這種模式，特別是其背後的因果機制，我們可以揭示自然界運作的一些基本原理，以及不同規模的生物群落是如何組成的。然而，要充分理解島嶼間生物多樣性的分布模式，需要更深入探究物種與面積關係的真正特性（如圖27所示）。物種豐度與面積之間並非如前述般單調線性，而是多變的（protean）[3]，其形式的變化取決於我們所考慮的面積範圍。譬如在非常小的島嶼上，物種豐度會一直維

3 譯註：在希臘神話中，Proteus是一位能變換多種形態的海神，因此這裡用「Protean」形容其多樣性。

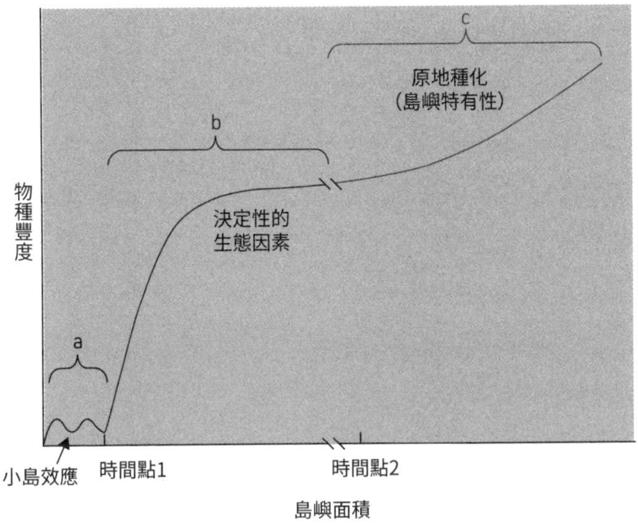

圖 27 ｜物種面積關係可能比最初設想的更複雜。圖中展示了物種面積關係在三種尺度依賴（scale-dependent）的不同階段，範圍從 (1) 物種豐度傾向於在非常小的島嶼範圍中獨立變化，(2) 在中等大小的島嶼上隨著面積增加而增加的常見形式，(3) 但隨後在島嶼面積大到足以發生原地（即島嶼內）種化時的另一種階段，也就是島嶼物種豐度加速增加的情況。

持在較低的狀態，且這一狀態似乎與島嶼面積大小無直接關聯。然而，當島嶼面積達到一定規模時，物種豐度的增長模式開始與之前提到的穩步上升的單調模式相吻合，也就是隨著面積增加而穩定增長。但對於非常大的島嶼，物種豐度雖然起初也以穩定的方式累積，但隨後似乎會進入一個快速增長的階段。在這種情況下，物種豐度不會趨於飽和，也就是說不會出現高原期或漸近線（asymptote）的特徵。

儘管這些例子中展現的物種與面積關係，與我們之前將其描述為「最接近生態學規律的現象」的讚美大相逕庭，我們最終仍能學著從其複雜性裡挖掘出獨特的美感。這些經過拓展的物種與面積關係，揭示了三種截然不同的物種豐度累積模式，讓我們深刻理解到，不論是大型還是小型的島嶼生態系統，群落組成的動力在不同尺度下各有其特性與運作方式。

在此脈絡下，當我們回過頭來看小島，會發現，小島是一種非常開放的生態系統。這裡所謂的開放，指的是物種豐度的變化極易受到外部環境的影響，例如風暴或洪水等劇烈的自然力量。相比之下，小島內部的生態作用，例如僅有的幾種物種之間的交互影響，對物種豐度的影響則顯得微不足道。因此，小島系統的物種豐度呈現明顯的隨機性，這便是所謂的**小島效應**。小島效應最終也突顯了大島系統的獨特性。當我們將巨觀透鏡的視野擴展到更大的島嶼時，這些大島提供了充足的資源和避難所，能夠幫助其上的生物群落抵禦外部隨機環境力量的衝擊。在大島系統中，我們才能看見經典的物種與面積關係，一個由遷移、滅絕等基本機制以及物種間交互作用共同驅動的生態階段。

最後，讓我們將巨觀透鏡的視野擴展到最大的範圍，嘗試捕捉物種與面積關係的最終階段，即物種豐度的演化式平衡狀態。在這一階段，島嶼的面積大到足以成為自身的演化舞台，能夠促進新物種的形成與適應性輻射，正如我們在第三章中討論過的那樣。只有在這些極大的島嶼上，我們才能看到山脈、河流及其他隔離屏障的存在，為島嶼內部不同區域的族群隔離創造條件，從而促進特有物種的形成。跨越三種島嶼面積的尺度，我們以巨觀視角看見了三種基本生物地理機制如何在生物多樣性的地理格局中展現其作用。在非常小的島嶼上，我們觀察到遷徙與滅絕過程以隨機方式運作（小島效應）。而在更大的島嶼上，遷徙與滅絕可能受到物種間交互作用的調節，變得更加具規律性（即生態階段）。

至於那些極大的島嶼，所有三種機制，遷徙、滅絕和演化（種化）共同作用，且都受到物種間交互作用的強烈影響，創造了島嶼物種豐度的最終的演化式平衡狀態。這一連串的動態過程不僅顯示了不同島嶼大小的生態與演化變化，也讓我們更深入理解物種多樣性是如何隨著環境與尺度的變化而發展的。

不過，若想要完整捕捉全球海洋島嶼上生物多樣性的複雜性與美感，我們需要重新調整巨觀透鏡的焦點，這次不是在空間上的延展，而是在時間上的回溯。阿爾弗雷德·魏格納以及隨後幾代地質學家的革命性洞見，揭示了地球的地理模板並非靜態，而是充滿動態變化。這不僅包括大陸的漂移、碰撞與裂解，還涵蓋了海底的形成、浮現與消亡（隱沒），以及海洋島嶼的動態生命週期。如果我們能攜帶巨觀透鏡穿越時光，並且足夠耐心觀察，我們將能見證一座島嶼的完整生命歷程。從它因火山活動自海底冒出，最終高出海面，隨著時間推進，其面積與地形複雜性逐漸擴展，直到所在的海洋板塊漂移至地幔深處的熱點之外。此後，隨著侵蝕與隱沒的作用，島嶼逐漸退縮，最終沉回海平面甚至再度隱沒於海底。

所以，此刻讓我們進入羅伯特・J・惠特克（Robert J. Whittaker）的研究吧。他透過克拉卡托火山群島為我們提供了一個關於島嶼動態性的經典範例。他的研究簡單來說，聚焦在一八八三年克拉卡托火山大爆發導致的島嶼生物全滅事件，以及隨後一個世紀內植物與動物逐步重新進入島嶼的過程。在他完成博士論文後的三十年間，惠特克持續對島嶼生物地理學乃至整個生物地理學領域做出重要貢獻，深化了我們對這一領域的理解。進入新千禧年初期，惠特克與其研究夥伴進一步提出了**「島嶼生物地理學的普通動態理論」**（General Dynamic Theory of Island Biogeography）。這一理論以麥克阿瑟與威爾遜的平衡理論為基礎，結合板塊構造理論，深入解析了島嶼從首次浮現於海面到最終沉沒於海洋之下的完整地質與物理變化週期。在這個過程中，島嶼的地球物理動態成為驅動物種遷移、滅絕以及演化機制的力量。也正因如此，島嶼的物種豐度在其地質生命週期中呈現出高度可預測的變化模式（見圖28）。

若將惠特克的普通動態理論與加拉巴哥群島及夏威

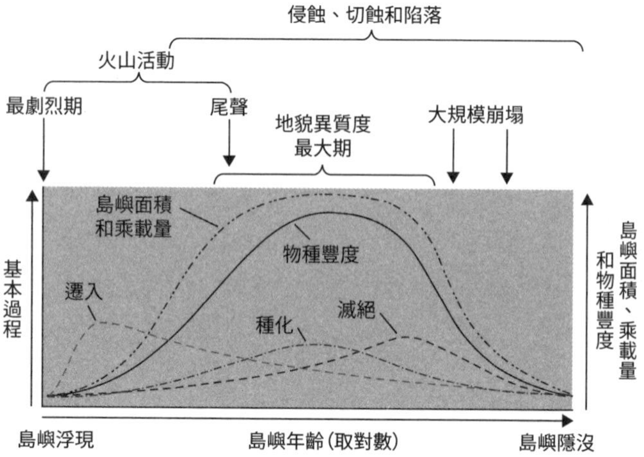

圖28｜羅伯特·惠特克及其同事提出的普通動態模型。該模型描繪了海洋的火山島在其生命週期中，物理特徵的動態變化如何驅動基本生物地理過程（遷徙、滅絕和演化）的規律性變化，以及島嶼上物種總數隨之變動的模式。

夷群島等火山島嶼的適應性輻射研究結合來看，這些研究在在強調了一個生物多樣性的核心觀念：生物演化不僅發生於時間之中，也展現在空間之間。而或許同樣重要的是，這些研究清楚地表明，唯有同時考量空間與時間這兩個維度，才能準確解析它們各自的獨立影響。惠特克與其同事將麥克阿瑟與威爾遜針對地質穩定島嶼上生物相動態的平衡理論與板塊構造理論結合，並將其應用於島嶼的地質動態，最終產生了一個強大的時空巨觀透鏡和一套新興的理論框架。這套框架不僅能解釋物種與面積的關係，這個生物多樣性中最重要的一種模式，還揭示了其他新的生態學規律，推動了相關領域的發現與進步。

生物多樣性熱點地區和特有度

前文中，我將麥克阿瑟與威爾遜的平衡模型稱為「物種中性」，這是因為它雖然成功解釋了自然界中的物種與面積關係，以及物種與隔離關係，但並未將物種彼此間的差異納入考慮。麥克阿瑟與威爾遜當然明白物種並非完全等同。然而，他們的模型之所以強大，在於即使不去考慮物種間的差異，它仍然能夠對這兩種主要的生物多樣性模式提供一致且有說服力的解釋。不過，我們必須注意，許多衡量生物多樣性的模式和標準，已經遠遠超越了只是單純計算物種數量的層次。

作為科學家，在涉及生物多樣性時，我們最看重的是物種的「名字」，或者更確切地說，是這個名字所體現的——物種本身獨特的形態、生理學、行為、生態相互作用和演化歷史。如今，經過數十年的生物名錄調查和數據累積，科學家得以識別出全球範圍內生物多樣性和特有度的熱點地區。

這些研究結果既像是一種全球尺度的巨觀透鏡，也形成了一系列生物多樣性的地圖，標示出被子植物與哺乳動物的多樣性與特有性熱點（如圖29a–c）。儘管熱點地區的具體位置或強度可能因所關注的分類群而有所不同，但整體而言，這些熱點的分布模式與我們對生物適應性輻射及演化地理格局的理解相符。生物多樣性熱點，尤其是特有性特別高的地區，主要集中在熱帶地區，特別是在那些面積廣大、地形複雜且相對隔離的生態系裡。這些系統之所以成為熱點，是因為它們擁有足夠大的規模，可以提供豐富且多樣的資源，支持種群長期存續，從而使演化分化得以發生。此外，這些系統的隔離性有效阻止了基因交流所帶來的遺傳同質化，從而促進了特有物種的形成與維持。

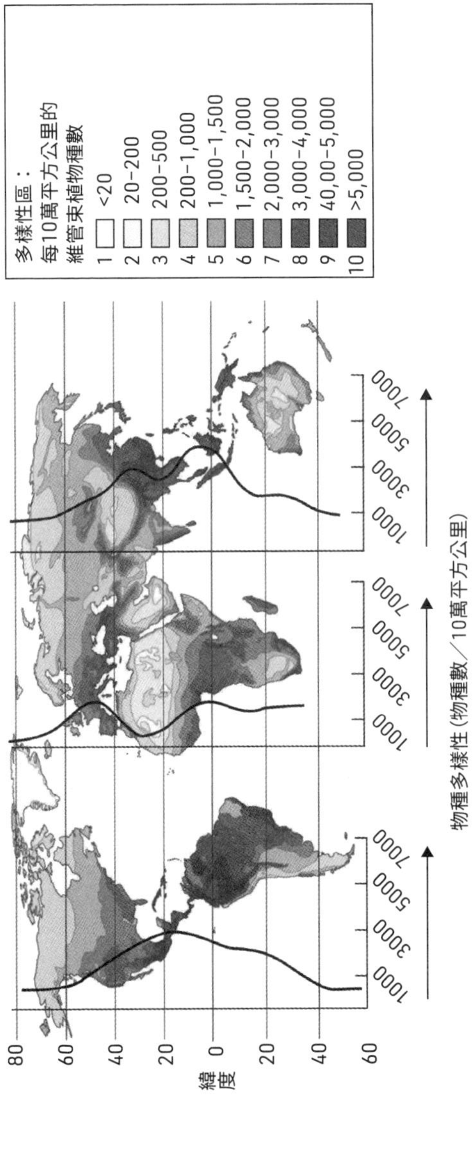

圖29a｜全球維管植物物種多樣性熱點地區（以物種數量／標準化面積計算）。

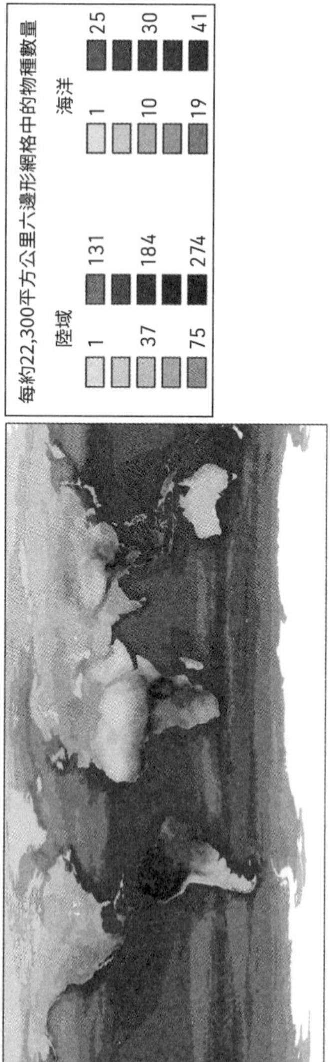

圖29b｜全球哺乳動物多樣性熱點地區（以物種數量／標準化面積計算）。

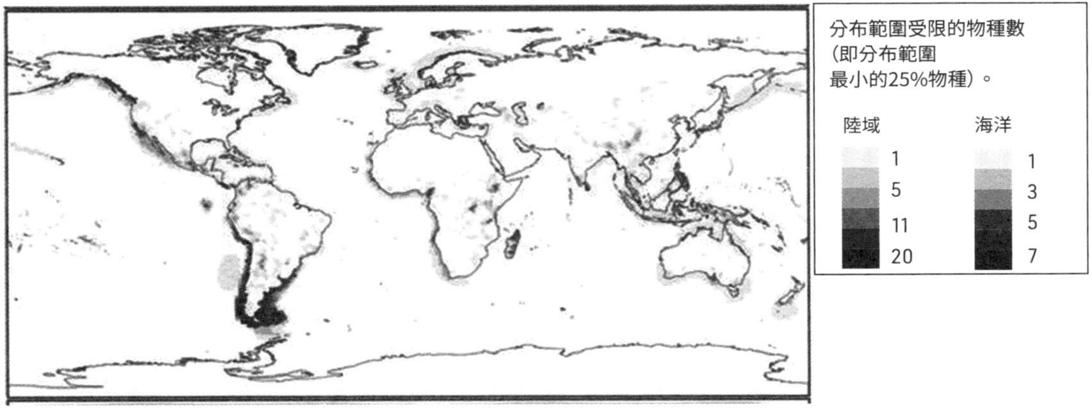

圖29c｜將圖29b的哺乳類物種豐度地圖，與另一張顯示哺乳類特有性熱點地區的地圖進行比較（特有性熱點地區是根據分布範圍受限的物種數量繪製而成）。

在第六章中，我們將再次調整透鏡的設置，將焦點從物種豐度的巨觀模式縮小到微觀模式，用以探索物種內部的生物地理變化。意即，我們將關注特定物種的形態、生理、行為和生態特徵如何在區域族群間產生差異。

第六章

巨觀生態學與微觀演化的地理學

巨觀生態學：生物地理分布的新興模式

「巨觀視角」像是一扇擁有多重面向的窗口，讓我們得以窺探複雜的自然世界。在本章節的內容裡，讓我們來更深入認識巨觀視角的一些基本概念。不知道你是否還記得，「巨觀視角」最早是由詹姆斯·漢普希爾·布朗在二十世紀末所提出的一種解析自然世界的觀點。布朗是一位卓越的科學家，對科學現象有著無窮好奇心。他靠著百科全書般的記憶力，以及將各種不同尺度模式（從空間到時間乃至於不同生物階層）視覺化的能力，開創了「巨觀視角」這一重要的生物地理學概念。布朗的研究興趣極為廣泛。他曾探討物理定律如何影響細胞的微觀結構，研究個體體型與生理特徵、生活史及生態特徵間的關聯，分析整個生物群落的結構，以及區域生物群和全球尺度的生物多樣性模式。布朗的真知灼見和影響力不僅使他成為推動現代生物地理學復興的重要人物，更促進了巨觀生態學領域框架的發展。所謂的巨觀生態學，利用了不同於一般生態學的研究方法，使我們能以跨領域和多尺度的視角觀察、理解生命與生態模式的複雜性。

巨觀生態學裡一個主要的核心想法認為，某個生物階層的性狀會形成一種可以在更高生物階層被觀察到的模式。舉例來說，個體的性狀可以形成某些在物種或是群落階層上被觀察到的模式。布朗有一個極具代表性的例子，可以清楚說明性狀模式如何在空間、時間或生物階層上逐步「浮現」。如圖30所示，在這個巨觀視角裡，布朗及其同事試圖觀察體型大小（一種屬於個體層級的性狀）與地理分布範圍大小（一種屬於物種層級的性狀）間的可能關聯。他們在圖30中找到一種被其稱為「約束線」（constraint lines）的鮮明趨勢。約束線的發現被巨觀生態學家視為是一種科學方法上的重要突破，並且吸引愈來愈多研究人員投入有關研究。他們認為，與其單單去尋找數據雲裡的資料趨勢，我們也該關注這些數據分布的邊界，以及造成這些邊界的可能力量。在這個案例中，兩個變量數據（物種的身體大小與分布範圍大小）間的關係提供了解釋數據雲邊界形成機制的線索。

對巨觀生態學家來說，約束線的研究對於保育生物學特別有意義。透過圖30的巨觀視角，布朗及其同事揭示了三條約束線，其中包括了一條垂直虛線，用以界定哺乳動物體型的最小生理極限（約兩公克）、一條水平虛線，用來表示哺乳動物地理分布範圍的最大地理限制（約為整個大陸面積的一半），以及一條對角虛線，這條線將數據雲切分成兩部分，左側數據多，右側的數據明顯較少。在圖30的例子裡，這條約束線讓我們直接「看」到生物滅絕最有可能發生在那些地理分布範圍相對於其體型較小的物種或族群裡。

除了北美哺乳動物的例子，布朗與他的同事布萊恩・毛雷爾（Brian Maurer）另有一個富有創意的巨觀視角研究。這次，他們的研究主題是北美洲的鳥類分布數據。透過這個研究，他們試圖解釋是什麼性狀決定了物

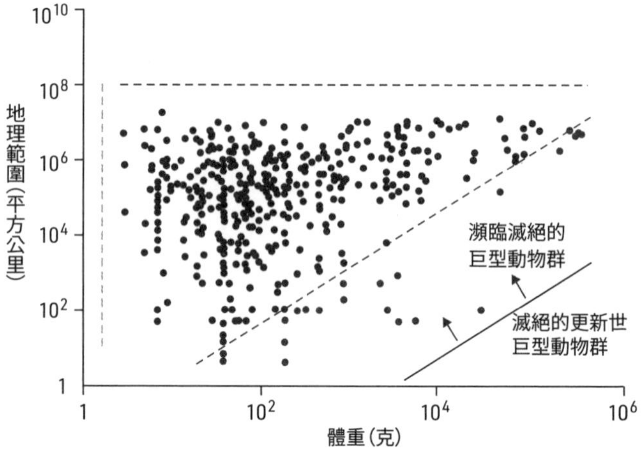

圖30｜展示北美哺乳動物物種的身體大小與地理分布範圍大小之間的關係的巨觀視角圖。圖中標示了三條約束線(虛線,具體說明見正文),以及一條實線,該實線大致代表更新世巨型動物群滅絕前對角約束線的位置。

種的地理分布範圍大小與形狀,以及這些地理特徵是否會受到大陸尺度地形和更新世冰河循環的影響。「**地理分布學**」(Areography)是一套由愛德華多・拉波波特(Eduardo H. Rapoport)於一九七〇年代和一九八〇年代開創的視覺分析方法,用來探索生物分布的地理結構(例如物種在範圍內的族群密度變化)與分布範圍大小和形狀之間的關係。布朗與毛雷爾的這個分析被許多人認為既優雅且簡單。他們首先測量了各鳥種地理分布的南北（N-S）和東西（E-W）範圍，並將這些數據繪製到圖表上，如圖31a所示。那些分布範圍大致呈圓形或對稱形狀的物種，數據點會落在平衡線上，而分布範圍的大小則從圖的原點向右上角逐漸增大（如圖31b所示）。

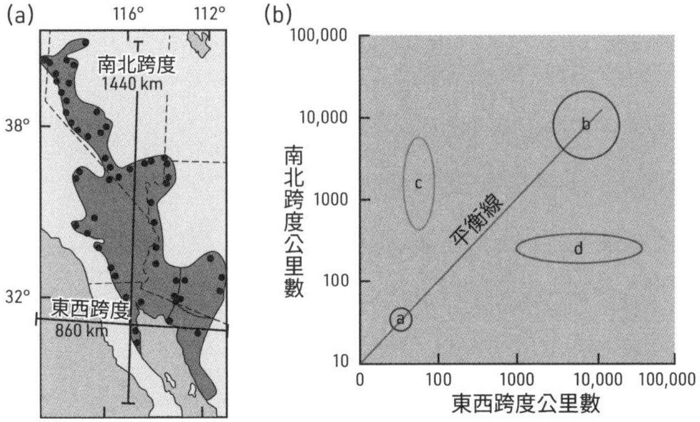

圖31 a、b｜地理分布範圍的大小與形狀可以通過以下方式在同一張圖表上呈現：(a) 首先測量並繪製每個物種分布範圍的南北向（N–S）與東西向（E–W）的延伸範圍，然後將這些數據在如圖(b)所示的圖表上標示出來。圖(b)中落在等值線上的點代表分布範圍對稱的物種，而位於等值線上方或下方的點，則分別代表分布範圍被拉長為南北向或東西向的物種。

在將分布資料視覺化之後，布朗和毛雷爾發現，當分布範圍逐漸變大，分布範圍的形狀會產生有趣的變化。具體來說，分布範圍最小的物種，分布範圍的形狀大致呈現出對稱的圓形；而分布範圍大小中等的物種，其範圍的形狀會被拉長為南北向（N–S）的扁橢圓形；接著，分布範圍較大的物種，其範圍會再次呈現出對稱的圓形；最終，分布範圍最大的物種，其範圍被拉長為東西向（E–W）的扁橢圓形（如圖31c所示）。這種形狀的變化，似乎與地理模板中與尺度相關的兩種特性有關。從圖表的起始點出發，地理跨度（不論是東西向還是南北向）較小的鳥種，分布範圍通常呈對稱的圓形，當分布範圍逐漸擴大到中等大小時，鳥類分布範圍的形狀將受到北美洲地表地形屏障的影響。在北美，由於這些地形屏障恰好呈南北走向，進而使得分布範圍在圖裡被拉成南北向的扁橢圓形。而分布範圍更大的鳥種，其活動範圍雖然不會受限於地形屏障，但分布範圍會變成受到北美洲緯度氣候帶的限制。而氣候帶通常沿東西向分布，這導致這些鳥類的分布範圍在圖中被拉伸為東西向的扁橢圓形。布朗與毛雷爾的這個研究，精巧地展示

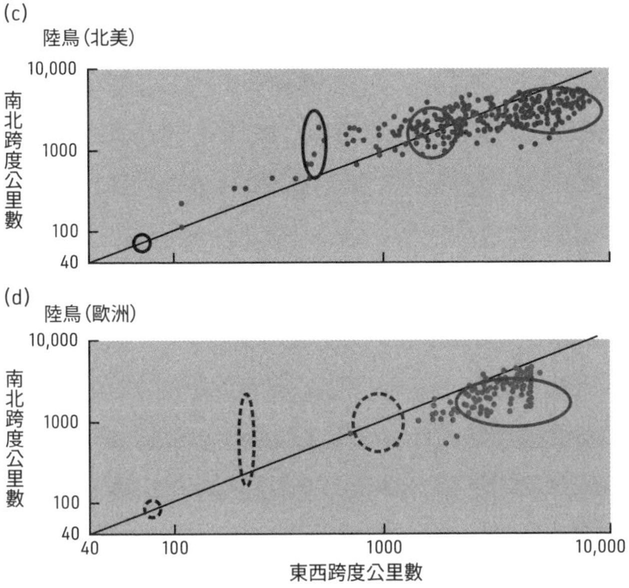

圖31 c、d｜此圖在巨觀視角下比較北美（c）和歐洲（d）的鳥類地理分布範圍大小與形狀之間的關係。儘管看起來這兩地呈現出來的模式相似，但在歐洲，地理分布範圍較小的鳥種相對較少。

了地形和氣候如何共同塑造生物的地理分布格局。

不過，為了進一步驗證圖31的結果，布朗與毛雷爾將相同的方法運用到了歐洲（如圖31d）。對歐洲產鳥種而言，地表上主要的地形屏障，如庇里牛斯山脈、阿爾卑斯山脈、高加索山脈以及地中海，皆大致呈東西走向，這與北美的南北走向地形屏障形成了鮮明對比。然而，由於歐洲很少有地理分布範圍屬於小至中等大小的鳥種，布朗與毛雷爾在歐洲的研究結果與北美洲的十分不一樣。歐洲缺少地理分布範圍小或中等大小的鳥種，原因其實可以追溯到更新世的冰河週期。在北美洲的更新世冰河期時，地理分布範圍較小或中等的鳥種雖然遷徙能力較差，但牠們受益於地形屏障的走向（意即高山山脈大多是南北走向），因此有機會向溫暖的南方遷徙，不受地形屏障的阻擋，並在過程裡逐步適應環境的變遷。然而，在歐洲，當地理分布範圍較小或中等的鳥種在冰河期裡試圖向溫暖的緯度帶遷徙時，卻會被東西走向的山脈和地中海這些天然屏障所阻隔，導致它們無法完成遷徙，最終未能適應環境的變遷而滅絕。如今，歐洲的鳥類群體中僅存下那些遷徙能力強大、地理分布範圍較廣的物種。

尺度橫跨海陸的生態地理學

在圖30的巨觀視角例子裡，生物的體型雖然只是裡頭用來分析的一個性狀變量，但在許多研究裡，體型大小事實上是一個能概括生理、行為、生活史及生態屬性的重要性狀，以及代表性指標。對幾乎所有生命形式而言，個體體型越大，其對資源的總體需求量也越大，但同時，新陳代謝速率、心跳以及其他生理過程的節奏卻會明顯放緩。有趣的是，體型大的個體，更可能成為寄主而非寄生者，掠食者而非獵物。此外，個體越大的生物，其世代長度，例如性成熟的年齡，也會顯著延長。體型大的生物，演化的變化也會顯得比較緩慢。也因此，當動物學家系統性測量動物體型時，經常能發現生命在形態和地理分布上所展示出的一些引人注目的模式。這些模式被描述為形態地理模式（morpho-geographic patterns），或更常見地稱為**生態地理模式**（ecogeographic patterns）。著名的生態地理模式包括島嶼動物與其大陸祖先之間的體型差異，以及某些陸地或海洋脊椎動物在地理分布上所展現的生態地理梯度。

自達爾文與華萊士發表天擇演化理論以來，他們的後繼者便開始探索擇汰壓力如何形塑一個地理區域裡的生物相，以及其中，生物在各地所展示出的形態差異。一八四七年，卡爾・貝格曼（Carl Bergmann）提出了一個假說，試圖解釋恆溫動物（哺乳類和鳥類）體型在緯度梯度上的變化，這個假說因其普遍性而被稱為「貝格曼法則」。貝格曼法則的主要預測是，同一物種或其近緣物種的體型，會隨著從熱帶向極地推移，或從溫暖地區向寒冷地區推移而逐漸增大。在海洋世界，類似的體型與緯度的對應現象則是由大衛・斯塔爾・喬丹（David Starr Jordan）於一八九一年發現，被稱為「喬丹法則」。根據喬丹法則，硬骨魚的脊椎數量及體長通常會隨著從熱帶向寒冷海域的推移而增加。對生物地理學者來說，「貝格曼法則」和「喬丹法則」這兩個與體型相關的梯度規律，都可以用天擇來解釋。簡單來說，在寒冷且食物供應有限的環境裡，體型較大的動物往往具有更高的適應能力，並且更可能成功地生存與繁殖。譬如，對於需要透過自身代謝產生熱量來維持體溫的鳥類和哺乳類來說，體型愈大愈能儲存更多的能量，此外，體型較大的動物通常具備更好的隔熱性，例如由羽毛、毛皮或脂肪層提供的保護，使它們能更有效地保暖。

另一方面，貝格曼法則和喬丹法則也可能涉及其他生態學上的解釋。譬如在物種多樣性的例子裡，生物群落的多樣性（例如捕食者、競爭者等）會隨著從赤道向兩極移動而隨之下降。而在像熱帶雨林這樣物種豐富的群落中，物種間的競爭通常會導致它們在體型上產生差異。在競爭的壓力下，體型相近的物種間藉由體型轉變減少彼此生態棲位的重疊，這一過程被生態學家稱為「生態替換」（ecological displacement）。反過來，從熱帶到極地，由於物種在緯度梯度上逐漸脫離競爭帶來的生態壓力，較小的物種在缺乏較大競爭者的情況下，體型往往因此增加，這種情況則被稱為「生態釋放」（ecological release）。因此，貝格曼法則和喬丹法則所描述的體型趨勢，不僅可能源於對寒冷環境的體溫調節適應，也可能是由於物種較少的高緯度群落中生態釋放的結果，或者兩者都有可能。

值得注意的是，在一八七八年，喬爾・阿薩夫・艾倫（Joel Asaph Allen）發現了一種新的，有關鳥類和哺乳動物的生態地理模式。這種模式似乎是由天擇在不同氣候條件下對最佳表現型的篩選所驅動。他發現，鳥類和哺乳動物的附肢長度會隨著從熱帶向極地推移而減少。這種趨勢可能是因為較短的附肢，其表面積也較小，可以減少熱量在寒冷環境中的流失。與此相對，同樣是針對鳥類與哺乳動物，康斯坦丁・格羅格（Constantin Gloger）在一八八三年描述了一種與熱量調節無關，而與生態壓力，特別是捕食者與獵物之間的關係更為相關的生態地理模式。他發現動物外表的隱蔽性（即偽裝）可以對捕食者亦或獵物的生存帶來不同的權衡與影響。他的主要觀察在於，鳥類和哺乳動物的毛皮（包括毛髮、羽毛或皮膚）傾向於與其環境背景融合。舉例來說，在溫暖潮濕的環境中，因為受到植被遮蔽和深色土壤的影響，它們通常顯得較深色；而在陽光直射的岩石地帶、沙地或雪覆環境中，它們的毛皮色澤通常較淺。有意思的是，這種生態地理模式的規律性不僅跨越緯度、不同物種類群，在一些物種中，甚至也會出現在季節變化間。

島嶼生物相的生態以及演化匯聚歷史

島嶼上奇特而多樣的生命形式，無疑是展示天擇與演化如何受到生態因素所驅動的最佳案例。不過，想要深入理解形塑島嶼生物群落結構的生態力量，我們首先必須認識到，大部分的島嶼通常都是生物多樣性相對較低，且被巨觀生態學者描述為不平衡的地區。島嶼要麼僅棲息著極少數物種，要麼雖然物種豐富，但其較高的多樣性都是透過某個特定生物譜系發生適應性輻射演化的後代。而這些適應性輻射譜系的祖先，通常有些共同點，它們通常是經過某種偶發或者說幸運事件才意外來到島上，且抵達島嶼之時，島上棲息的物種並不多。因此，巨觀生態學者將孤立的海洋群島上的生物群描述為「不均衡」或「不平衡」，是因為它們一方面缺乏許多在大陸上常見的物種，但另一方面卻被少數幸運抵達島嶼的長距離遷徙者的後代所主導。例如，海島上的生物群落大多由鳥類和蝙蝠組成，陸生哺乳動物和兩棲類動物的多樣性較低；飛行昆蟲比蚯蚓和其他土壤無脊椎動物更為普遍；蕨類和具有風傳種子的被子植物多於那些依賴動物散播種子的植物。

海島生態系孕育的島嶼生命奇觀，無疑是天擇在這個與大陸在性質上完全相異的演化競技場上作用的產物。由於缺乏大陸生態群落中優勢且主導的物種（特別是陸生哺乳動物），海島成為研究生態釋放如何影響生物群落組成的天然實驗室。在那些面積大且相對孤立的島嶼上，研究人員發現，植物與動物可能會因島內特有物種間的生態棲位轉換而演化出奇特的形態。隨著島嶼不平衡性（disharmonic nature）的增強，尤其是在適應性輻射過程中，這些形態變異的幅度往往十分顯著。

島嶼規則：島嶼上生物體型縮小的現象。希臘神話裡著名的獨眼巨人波呂斐摩斯無疑是受到島嶼生態系裡一個奇妙的生態地理模式啟發而來的。當希臘人首次探索地中海的島嶼時，他們發現了一些看似屬於巨型人類的骨骼，這些頭骨中央有一個巨大的開口，被認為是波呂斐摩斯的眼窩。然而，這些頭骨實際上並不屬於什麼假想的史前巨人，而是一種侏儒型的大象。這種矮象的祖先在來到島嶼後，經過數百代的演化，其體型大幅縮小，有些甚至只有其大陸祖先體重的不到10%。然而，它們的頭骨中央仍保留了大象鼻腔肌肉附著的鼻腔結構，這個骨骼空腔可能被希臘人幻化為獨眼巨人的眼窩。

雖說島嶼哺乳動物的體型轉變，無論大小，本身就常展現出令人驚嘆的演化現象，但「**島嶼規則**」的特別之處在於它描述的是一種跨級式（graded）的變化，即大型的哺乳動物與鳥類會侏儒化成為小型生物，而小型的物種趨向大型化，而中等體型的物種基本上沒有遵循島嶼規則。地中海西西里島上已滅絕的矮象是島嶼規則的一個著名案例，其體型縮小到僅為大陸祖先質量的2%；與此相反，亞得里亞海沿岸現今已成為半島的加爾加諾島上的大型月鼠，其體型則增大到大陸型祖先的兩百倍以上。巨觀生態學家通常會以生態釋放的機制來解釋島嶼規則。他們認為在大陸上，物種間因競爭所導致的體型分化的演化結果可能會在競爭較少的海島上被逆轉。譬如，在島嶼有限的空間與資源的限制下，大體型的物種適存度較低，族群裡體型較小的個體反而會被天擇偏好，進而使得族群逐漸被體型小的個體取代。在天擇持續作用，以及島嶼族群持續與其他族群隔離的情況下，島嶼族群有可能演化出更小體型的個體。相對地，原本小體型的動物到了海島，也可能因為少了原本天敵的威脅，體型發生跨級式的變化。

十九世紀英國古生物學家理查·歐文爵士（Richard Owen）曾說：「在自然界中，很難再找到比一隻無法飛行的鳥更古怪的事了。」他指的是一類在紐西蘭已滅絕的巨型鳥類——恐鳥（moa）。歷史上，紐西蘭曾經有大約十種恐鳥。牠們可能在體型逐漸增大的演化過程中，喪失了飛行能力，最終成為孤立於紐西蘭島嶼上的巨型「囚徒」。

紐西蘭島上唯一的哺乳動物是蝙蝠，當地並沒有像鄰近大陸那樣出現鹿或其他大型草食動物。因此，恐鳥在這個島嶼生態系中扮演了類似這些動物的角色，並展現出與牠們相近的體型與取食習性。恐鳥這種驚人的演化產物，反映出島嶼隔離演化與生態失衡的結果，同時展示了體型與飛翔能力這兩種島嶼綜合徵（island syndrome）之間的演化連鎖關係。由體型較小的祖先演化成巨型鳥類，但遷徙能力卻隨之喪失或變得極度弱化，最終形成了所謂的「無法飛行之鳥」。

恐鳥的發現一開始雖然讓人驚訝，但往後科學家漸漸發現，這種現象其實也發生在許多不同類群的島嶼特有物種身上，其中包括上百種不會飛行的鳥類，以及為數眾多，不會飛或幾乎無法飛行的昆蟲。植物亦然，許多海島植物被發現逐漸失去傳播種實的能力，有些植物的種實變得又大又重，有些則失去了原本像是翅膀般的結構，進而喪失風傳的種實特性。此外，一些原本具備將種實附著在哺乳動物毛皮或鳥類羽毛上的植物，也在拓殖島嶼後逐漸喪失了這種特化的種實傳播機制。事實上，自這些植物的祖先成功定植島嶼的那刻起，其後代所面臨的澤汰壓力與前面幾代的祖先譜系相比，早已發生顯著的轉變。在來到島嶼前，島嶼植物的祖先在原生地面對來自其他物種的激烈競爭，透過將種實傳播到遠方，其後代因而有機會遠離親本所在的地方，前往競爭較少的區域繁衍。儘管機會難測，但許多成功拓殖到島嶼的植物都是贏得這張生存彩票的譜系的後代。然而，海島獨特的生存環境也為這些源於大陸的植物帶來了不同的澤汰壓力，就像鳥類與哺乳動物的體型發生變化，這些原本具備長距離傳播的植物在種實傳播的機制上也發生了改變。由於海島被海水包圍，它們原本的長距離傳播能力，會讓大多數種實降落在海水裡，造成生殖資源的浪費。這種擇汰壓力，最終使得植物的種實逐漸變得又大又重，或是失去翅狀構造。

失去飛翔能力的恐鳥、喪失長距離傳播能力的植物，都曾經是博物學者眼中的島嶼奇觀。一如達爾文曾做過的比喻：「一群在海岸附近遇難的水手，裡頭游泳技術高超的人會想透過游向岸邊求生；但對於不善游泳的人來說，緊抓船骸不放反而可能是更明智的選擇。」這些島嶼物種的祖先都曾是長距離遷徙的能手（因此它們有機會來到汪洋中的孤島），但在適應島嶼環境後，它們逐漸喪失了飛行與種實傳播的能力，以「緊抓船骸不放」的策略繁衍後代。達爾文利用這個比喻，說明了天擇如何在島嶼環境中逆轉一些祖先譜系的特性，最終塑造了島嶼生命的特徵。

在島嶼植物相裡，與傳播能力相關的另一個島嶼奇觀是草本植物的木質化。草本植物一般來說較木本植物更傾向於將種實散播至更遠的地方。因此，草本植物在島嶼拓殖中通常占有優勢。然而，一旦這些草本植物成功定居於島嶼，科學家們發現其後代常會演化出「次級木質化」的特性，呈現出灌木或喬木的外觀與結構。這方面的例子包括加拉巴哥群島上的仙人掌樹（*Opuntia* 屬），以及加那利群島與夏威夷群島上被稱為「雛菊樹」（屬於菊科）的植物。

此外，島嶼植物在生活史或與其他物種的生態連結上也表現出令人驚異的轉變。與大陸的祖先譜系相比，島嶼植物的物候，像是開花和結實的時序通常有顯著改變，這可能是受到島嶼生物群落的不平衡特性的影響。孤立的海洋島嶼上通常缺乏大陸上常見的授粉者與種實傳播者（譬如鳥類、蜜蜂、哺乳動物等生物），因此，島嶼植物通常會與新的物種建立生態關係，例如蜥蜴和蝙蝠。做為海島上少數與植物產生互利共生關係的物種，牠們成為島嶼上的「超級授粉者」或者「超級種實傳播者」，在植物的繁衍或是演化上扮演非常重要的角色。

觀察力和推理能力十分敏銳的達爾文曾在觀察加拉巴哥群島的生態時寫下這段話：「在這裡，槍枝是多餘的；我只用槍口就能把一隻鷹從樹枝上推下來。」達爾文似乎是第一個對島嶼奇觀的脆弱之處表達擔憂的人。

他指出島嶼特有種的極度馴服性，以及被島嶼生態環境所豢養出的「天真」和對外界事物缺乏防禦的能力。組成島嶼演化奇觀的物種經常屬於譜系中極為孤異的演化分支，它們往往缺乏與肉食哺乳類動物、大型草食動物和其他掠食者相處的經驗（所謂的「天真」）。一旦外來掠食者與競爭者被引入島嶼，便極易引發大滅絕。在過去的五百年間，島嶼物種的滅絕率居高不下，許多本章節提及的島嶼奇觀，如大型月鼠、侏儒河馬、侏儒大象，以及數百種不會飛行的鳥類，如今都已成為保存在遺址中的骨骸。即便是那些生活在最偏遠海洋島嶼上的生物，也未能倖免於難。許多證據指出，在大多數情況下，這些滅絕都發生於我們這個物種（智人）抵達島嶼之後。

想想這些非凡的島嶼生物相，其中許多物種甚至比希臘神話中的生物更加怪奇。然而，一旦它們的島嶼家園失去了與世隔絕的條件，迎來的即是滅絕。島嶼綜合徵描述了島嶼生物相體現在演化不同尺度上的獨特特徵。這些特徵共同揭示了島嶼生物群落的獨特運作模式，以及島嶼生物演化與生態平衡之間錯綜複雜的微妙關係。在最巨觀的角度，島嶼生態群落呈現出顯著的不平衡性，特別是缺乏或幾乎完全沒有那些在大陸上占據優勢地位，且無法飛行的哺乳動物種類。這種不平衡進一步影響了物種與族群層級的生態動態，導致某些物種以超過正常族群密度的規模存在，在生態棲位上發生顯著的擴展，占據了更多的生育地與棲地。在個體層面，島嶼上特殊的擇汰壓力形塑了我們口中的演化奇觀，但同時也成為島嶼生命的脆弱之處並帶來了滅絕危機。

第七章

人類在地理及生態方面的演進

「內省」可能是科學研究裡最困難的一環，尤其是當試圖分析智人這個物種的各種行為模式及其背後的驅動力量時，我們往往難以保持客觀。當代全球智人族群的內部結構，是否如同其他曾經拓展分布範圍的野生動物族群一樣，受到類似的擇汰壓力的形塑？將智人與其他野生動物相擬的這種想法，本身就讓我們坐立難安，因為多數人傾向於將智人視為其他生命之上的存在。但科學家，尤其是生物地理學者，在面對這類議題時，特別需要冷靜與客觀。因為他們知道這種想法沒有錯。在我們逐步崛起，成為主宰地球的生態工程師的同時，我們這個物種的族群擴張，在路徑上，以及在不同區域之間所展現的變異模式，其實與那些被我們認為「較低等」

的野生動物十分雷同。

人類的全球拓殖

人類自非洲為起點的地理擴張大抵始於九萬年前。與其他陸域哺乳動物擴散的方式一樣，人類的擴散同樣受到地形、生態和氣候因素的深刻影響。一開始，人類祖先拓殖、遷徙的軌跡主要沿著熱帶與亞熱帶溫暖潮濕的低地地區。在成功跨越非洲、阿拉伯半島和印度之間的海峽後，人類遷徙的方向先是向東沿著海岸逐步擴展，隨後沿著印度次大陸的南部海岸向東快速推進，並於大約八萬年前抵達東南亞。這段遷徙過程最有可能發生於冰河時期，當時的海平面大幅下降，海峽的寬度也大為縮減。

之後，人類繼續往印尼大巽他群島（包括爪哇、蘇門答臘和婆羅洲）擴散，但並不是透過游泳、漂流或乘船等方式，而是用步行的。人類是在新一輪的冰河期時深入印尼地區。當時印尼一帶的海平面下降了約一百公尺，原本的淺海地區因為海退而形成廣大的陸橋，將東南亞內陸地區與大巽他群島連接在一起。當然，要全面深入錯綜複雜的印尼群島不能僅靠陸橋，人類在此地區的某些擴散是靠著跳島（island hopping）模式達成的。但一般來說，跳島模式發生的地方，島和島之間的距離通常較短，通常不大於八公里。最後，澳洲原住民的先祖大約在六萬年前成功抵達了新幾內亞、澳洲及塔斯馬尼亞等地，這塊地域在冰河時期，海平面下降時被稱為莎湖次大陸。不過，值得注意的是，相比前述的擴散，人類往新幾內亞與澳洲以東的遠洋島嶼的拓殖顯得十分遲緩。人類經歷了數代文明，才逐漸發展出得以穿越遼闊太平洋的航海工具以及航行技術。雖然太平洋島民大約在三萬年前便抵達了美拉尼西亞與密克羅尼西亞群島，並在這些島嶼上建立了據點，但他們一直要到兩千年前才成功抵達更遠的夏威夷群島，以及其他太平洋深處的孤島。

透過分析早期人類抵達紐西蘭雙島的時間點，我們可以更清楚地了解盛行風和洋流對人類擴散的影響。雖然紐西蘭雙島距離澳洲並不算太遠，但人類登陸這兩座島嶼的時間卻相對近期。造成這種延遲的一個重要因素，是通過澳洲與紐西蘭之間的洋流的方向。洋流由南向北，將從澳洲出發的舟船帶向紐西蘭北方，使得澳洲原住民無法順利接近紐西蘭雙島。也因此，如今島上的毛利人並非源於澳洲，而是來自玻里尼西亞熱帶中部和東部的玻里尼西亞人。從玻里尼西亞前往紐西蘭的路徑並未受到澳洲沿岸洋流的干擾，在往西吹的貿易風與洋流護航下，他們最終在七百五十年前成功登陸紐西蘭。

另一方面，人類拓殖馬達加斯加島的路徑也同樣令人感到驚嘆，因為這場擴散也經歷了預料之外的延遲。我們這個物種大約是在二十萬年前起源於東非，但卻一直要到兩千至四千年前，才成功擴散到距非洲海岸僅約四百公里的馬達加斯加。導致這個驚人延遲的一個關鍵原因是通過非洲與馬達加斯加島之間的莫三比克洋流。由於該洋流由北向南流動，因此任何想藉由海路前往馬達加斯加島的早期人類，會在橫跨海峽時被洋流帶往南方。第一批成功殖民馬達加斯加島的人類並非來自非洲，而是來自東南亞。現代的基因學、語言學和考古學研究顯示，馬達加斯加島的人類先祖可能來自婆羅洲。

在走出非洲後的三至四萬年間，智人主要分布於舊世界的熱帶與亞熱帶地區，直到我們的先祖取得一系列技術進展後，智人才得以擴展至歐洲與亞洲那些更寒冷、更高緯度及更高海拔的地區。這些關鍵的技術包括學會結夥進行狩獵與覓食、建造有效的庇護所、發明禦寒的衣物，以及掌握使用火的技術。火是人類獨有且無與倫比的工具，不僅能幫助我們剝去獵物的皮毛和羽毛，還能提供溫暖以抵禦寒冷。我們甚至利用火來清理環境，燒掉無法食用的、有毒的或其他不受歡迎的植物與地表覆蓋物，進一步管理我們的生活環境。一開始，庇里牛斯山脈、阿爾卑斯山脈和高加索山脈阻擋了我們向北遷徙至歐洲，而喜馬拉雅山脈則阻止了我們進入亞洲中部及北部地區。然而，我們的先祖最終戰勝了寒冷，跨越了這些令人望而生畏的地形與氣候障礙。在大約四萬五千年前，到達了歐洲的西部海岸，在約兩萬五千年前，延伸至亞洲北部，並進一步進入如今的西伯利亞地區。

歐亞大陸之後，更新世的冰河週期是智人擴張到美洲的關鍵時刻。人類主要透過兩次主要的遷徙，終而拓殖到北美洲。第一次遷徙發生在冰河期期間（約三萬六千年前至一萬六千年前間），當時西伯利亞與阿拉斯加之間的淺海海平面下降了約一百公尺，形成白令陸橋，成為我們先祖從亞洲通往北美洲的廊道。彼時，白令陸橋可說是一塊足以媲美今日非洲大草原的生意盎然之地。儘管位處高緯度帶，但受益於當時盛行的風向，白令陸橋長期保持著無冰狀態，上頭棲息著種類繁多的植物以及巨型動物相和其他野生生物。第二次遷徙則與北美洲高緯度地區冰棚的融化有關。這些冰棚曾是阻擋我們先祖在北美洲向南擴散的最大障礙。大約在一萬三千年前至一萬五千年前間，北美洲太平洋沿岸和西部與東部內陸冰棚之間出現了一條無冰甬道。當我們的先祖利用它在逐漸消退的冰河以南地區站穩腳跟後，一場驚人而迅速的擴散隨即展開。智人迅速遍布整個北美大陸，抵達東西兩岸，並在約一萬兩千年前南下至現今的墨西哥和中美洲。雖然西部的安地斯山脈可能會阻礙智人在南美洲東西向的遷徙，但其南北走向的地勢卻也為向南擴散帶來了便利。南美原住民的先祖以驚人的速度向南推進，直至最南端的火地群島。這段發生在西半球的壯觀遷徙，智人僅用了約兩千年的時間，就橫跨了一萬五千公里距離，一路從白令陸橋推進至火地群島，展現了我們先祖遷徙的非凡能力。

原住民、天擇、生態地理學

隨著擴張遍及全球，我們的先祖在各地分別面臨著與當地特有野生生物相同的環境擇汰壓力，在外觀形態上產生了與牠們相似的生態地理模式。這些外觀變化是是環境擇汰壓力在各地人群身上留下的鮮明印記，至今仍能透過遺傳分析被證實。比如說，高緯度地區的人類族群和大陸熱帶地區的在地人群相比往往身形更大，四肢也比較短，這分別對應了貝格曼法則和艾倫法則。此外，不同緯度帶的人群在膚色上往往有差異，這與格羅格氏法則（Gloger's rule）相符。該法則解釋了熱帶地區人們的膚色較深（黑色素含量較高），是因為有助於保護人體免受強烈太陽輻射帶來的潛在破壞性影響；而在高緯度地區，人們膚色較淺，是因為那有助於陽光的吸收，促進皮膚內重要營養素的生成和儲存。

此外，島嶼靈長類（包括島嶼上的人亞族物種）的體型變化也似乎遵循「島嶼規則」，即體型較大的物種較易侏儒化。例如，弗洛雷斯島上俗稱「哈比人」的已滅絕人科物種，其體重僅為祖先（最可能是直立人）的三分之一至二分之一。而印尼、美拉尼西亞、密克羅尼西亞以及菲律賓的島民身材都普遍較為矮小。但另一方面，身處太平洋深處孤島上的原住民族卻擁有比較高大的體型，與島嶼規則的預測相左。這個現象可能與所謂的「**移民擇汰效應**」（immigrant selection）有關，其可以用達爾文「船難水手」的比喻來解釋。在比喻裡，「能游得更遠」的善泳者，呼應的正是那些身強體壯，能夠長時間忍耐艱辛的海上之旅的個體。對哺乳動物而言，體型較大者消耗能量的效率高於體型較小者，因此在遠距離遷徙中，體型較大的個體具有顯著的生存優勢並導致大洋深處孤島上人類的體型隨著群島的隔離程度逐漸增大。移民擇汰效應（人類學裡的「天擇對節儉基因型的汰選」）對太平洋島民的生存至關重要。面對孤島資源有限，一旦人口過多即有可能枯竭的風險，他們持續航向遠洋，尋找其中的無人島、新天地與新資源。

滅絕與同化的終章

人類早期在全球的擴張史，其最後的篇章卻是一段令人悲傷的歷史。在非洲，野生動物與我們的先祖共同演化。人類在這個過程裡，逐漸獲得新的生態適應能力。對非洲以外的野生動物而言，人類在生態適應上的演進，最終成為達爾文口中的「強大的異邦之術」。牠們對人類的到來毫無防備，巨型動物以及其他當地特有的哺乳類、鳥類和爬行動物被「新型獵人」的狩獵機巧與「生態系統工程師」改變環境的力量一一征服，如骨牌般接連滅絕。這股滅絕浪潮首先席捲了澳洲，隨後波及歐洲與亞洲，接著是北美洲和南美洲，最終蔓延至地中海與加勒比海的島嶼，與人類拓殖的腳步驚人地吻合。

近代，隨著太平洋島民的遷徙與定居，海洋島嶼上的巨型動物與其他「天真」的野生生物加速滅絕，形成新的一波滅絕浪潮。至少十七種馬達加斯加島的大狐猴以及紐西蘭所有約十種巨型不會飛行的恐鳥滅絕。數百甚至數千種不會飛行的鳥類與其他島嶼特有物種被人類捕殺，或是受到被人類引進的伴生物種荼毒（像是老鼠、貓、鼬、山羊等物種）。海洋島嶼的生物多樣性嚴重下降，並喪失特異性（同質化）。這一切的後果是，布豐定律這一生物地理學的基本規律被打破。隨著地理區域內生物特有性的喪失，這顆星球上，生命形式的獨特性正日益消退。

跨領域合作下，生物地理學的保育願景

因人類活動引發的物種大滅絕並不適合作為本書的結論，與其哀悼，我們更應該致力於仍存活在世界的原生生物多樣性，運用生物地理學的原則與工具來保護它們。E.O. 威爾遜曾指出，生物地理學已成為保育生物學的基石，而如今的**保育生物地理學**，正是這一觀點的實踐。這門學科結合了保育與生物地理的知識，其核心信條之一，就是要將各地原生生物相的多樣性與自然特徵給成功保護下來。為了履行這個信條，保育生物地理學提出了以下幾個策略：

（1）填補所謂的「**華萊士缺口**」（Wallacean shortfall）。這一缺口指的是我們對物種分布及威脅其生存的地理

動態力量了解的不足。

（2）保護原生物種族群的地理環境，以維護它們的獨特性。雖然動物園和自然保護區在保存特定物種個體方面很重要，但這些措施遠不足以重現那些能夠在歷史裡塑造動、植物譜系演化的生態環境與選汰情境。

在此脈絡下，大象的保育是一個極具啟發性的案例。透過比較被圈養的大象以及野生大象（其野外地理分布日益縮小且高度破碎化），我們可以清晰地看到後者在人類的影響下，可能正逐漸失去其原本的外觀特徵。非洲與亞洲的大象數百年來一直在人為的擇汰壓力下存活著。野生大象的活動範圍被切割、因為象牙貿易被捕殺。此外，牠們還被徵召作為勞役動物，或被迫在馬戲團與動物園中進行表演。由於人們往往選擇性地針對體型最大的大象進行捕獵，而這些用途往往排除了最具野性或性情最難以馴服的個體。在這些持續且由人為因素施加的汰選壓力共同作用下，這一類曾經是地球上體型最大、最具主導地位的陸地野生動物，可能正逐漸演變為體型縮小且性情更為溫順的物種。有些「野生」大象族群甚至在遺傳上逐漸固定到無象牙的形態（表現型），從而失去了牠們最具代表性的一種形態標誌。

行文至此，我希望能用一種帶有科學謙遜與樂觀態度的筆觸，來結束這本富有洞見與啟發的生物地理學之書，這非常重要。因為我認為全知全能並不是科學的目標，那些自稱什麼都已經知道的人，注定會陷入停滯不前的狀態。我們若想要更深入理解自然世界，最有前景的方法可能是承認並接受自己在科學上的無知，並以嚴謹而客觀的方式探索人類個體與集體知識中的空白。由華金・霍塔爾（Joaquin Hortal）及其同事所開發的所謂「無知地圖」（maps of ignorance，見圖32），正是這一新興且關鍵研究方向的典範之作。這些地圖可以將科學探索的重點戰略性地聚焦於解決華萊士缺口，並提供對於保護原生物種多樣性與自然特性至關重要的數據。此刻生物地理學的邊界，尤其是保育生物地理學，正由那些專注於開發創新方法的科學家們所界定。他們的研究致力於識別並視覺化我們在生物地理知識中尚未觸及的關鍵空白，為深入理解生命的地理分布提供了全新的視角與工具。

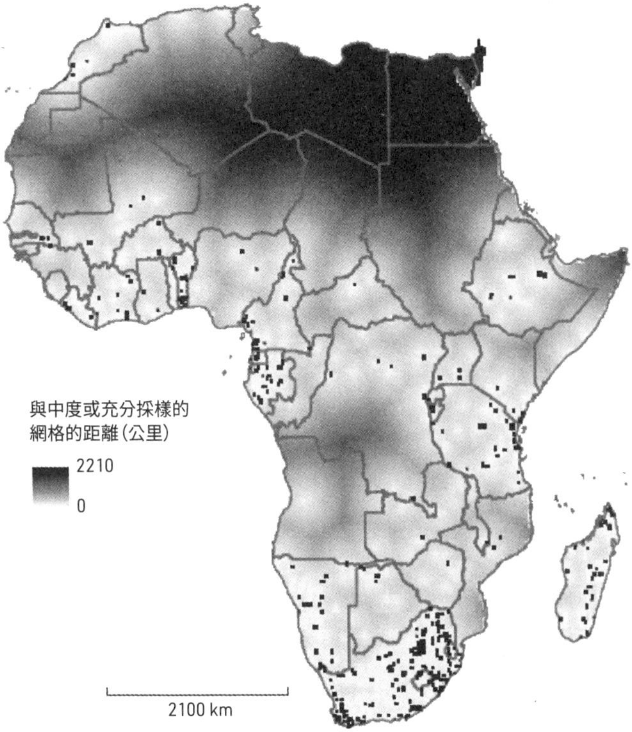

圖32｜「無知地圖」可以為我們解決華萊士缺口（即對於生命地理分布知識的不足），提供特別重要的見解。這些地圖能夠幫助我們將有限的時間、精力和資源，戰略性地集中於最需要進行生物地理研究的地區和生物相上。

名詞對照表

二名法 binomial nomenclature
人類世 Anthropocene
千島海溝 Kuril trench
大沙荒漠 Great sandy Desert
大陸漂移理論 theory of continental drift
大巽他群島 Greater Sunda Islands
小島效應 small island effect
小巽他群島 Lesser Sunda Islands
《小獵犬號航行記》*Voyage of the Beagle*
不平衡性 disharmonic nature
中始新世桑拿期 mid-Eocene Sauna
中洋脊 Mid-Atlantic Ridge
互利共生 mutualism
分布區支序圖 area-cladogram
分類群循環理論 Taxon Cycle Theory
天堂山假說 Paradisiacal Moutain Theory
巴塔哥尼亞荒漠 Patagonian Desert
巴爾特拉島 Baltra Island
支序圖 cladogram
毛雷爾，布萊恩 Brian Maurer
加拉巴哥芬雀 *Galapagos finches*
北方起源論 Northern Origin Theory
半邊蓮屬 *Lobeliad*
卡拉庫姆荒漠 Karakum Desert
卡森，瑞秋 Rachel Carson
史坦，葛楚 Gertrude Stein
史密斯，威廉 Smith William
外群 outgroup
尼豪島 Nihoa Island
尼羅河鱸魚 *Lates niloticus*
巨型樹懶狐猴 *Archaeoindris fontoynontii*
巨觀生態學 Macroecology
巨觀視角 macroscope
巨觀演化 macroevolution
布朗，詹姆斯・漢普希爾 James Hemphil Brown
布豐伯爵，喬治・路易・勒克萊爾 Georges Louis le Clere Comte de Buffon
布豐定律 Buffon's Law
平松島 Pinzon Island
平頂海山 guyots
弗雷里安納島 Floreana Island
生物地理區分布圖 map of biogeographic region
生物群系 biome
生態地理模式 ecogeographic patterns

生態替換 ecological displacement
生態棲位 niche
生態釋放 ecological release
白令陸橋 Berinia
白堊紀 Cretaceous Period
全新世 Holocene
吉夫尼許，湯姆 Tom Givnish
地理分布學 Areography
地理框架 geographic template
地理割裂 vicariance
地理資訊系統, GIS Geographic Information Systems
多布然斯基，費奧多西 Theodosius Dobzhansky
《此處有龍出沒》*Here Be Dragons: How the Study of Animal and Plant Distributions Revolutionized our Views of Life and Earth*
米蘭科維奇，米盧廷 Milutin Milankovitch
考艾島 Kaua'I Island
自組織系統 self-organizing system
自然圖繪 Naturgemälde
艾倫，喬爾・阿薩夫 Joel Asaph Allen
佛洛姆，埃里希 Erich Fromm
佛羅里達礁島群 Florida Keys
克拉卡托火山群島 Krakatau Islands
形態地理模式 morpho-geographic patterns
更新世 Pleistocene Epoch
更新世巨型動物群 Pleistocene megafauna
系統圖 Systematic map
貝加爾海豹 *Pusa siberica*
貝加爾湖 Lake Baikal
貝格曼，卡爾 Carl Bergmann
貝格曼法則 Bergmann's rule
辛伯洛夫，丹尼爾 Daniel Simberloff
辛普森荒漠 Simpson Desert
坦噶尼喀湖 Lake Tanganyika
始新世氣候最適宜期 The Eocene Optimum
岡瓦那大陸 Gondwana
拉奈島 Lanai Island
拉波波特，愛德華多 Eduardo H. Rapoport
拉維達島 Rabida Island
板塊構造理論 plate tectonics theory
林奈，卡爾 Carolus Linnaeus
波呂斐摩斯 Polyphemus
物種中性 species-neutral
物種與面積的關係 species–area relationship
物種與隔離程度的關係 species–isolation relationship
物種豐度 species richness
空間自相關 spatial autocrrelation
阿他加馬荒漠 Atacama Desert
阿留申海溝 Aleutian trench
附肢 appendage

雨影效應 rain shadow effect
保育生物地理學 conservation Biogeography
哈德里環流 Hadley Cells
威爾遜，愛德華・奧斯本 Edward Osborne Wilson
恰比荒漠 Chalbi Desert
洪堡，亞歷山大・馮 Alexander von Humboldt
皇帝－夏威夷海山鏈 Emperor Seamount-Hawaiian Islands Chain
科科島 Cocos Island
科科斯板塊 Cocos Plate
約束線 constraint lines
茂宜島 Maui Island
衍生特徵 apomorphy
原地種化 in situ speciation
夏威夷螽斯 *Banza*
夏威夷管鴰 *Hawaiian honeycreeper*
《島嶼生物地理學》*The Theory of Island Biogeography*
島嶼生物地理學的平衡理論 the equilibrium theory of island biogeography
島嶼生物地理學的普通動態理論 General Dynamic Theory of Island Biogeography
島嶼規則 island rule
島嶼綜合徵 island syndrome
庫克，詹姆斯 James Cook
恐鳥 moa
時序圖 chorological maps
格羅格，康斯坦丁 Constantin Gloger
格羅格氏法則 Gloger's rule
海山 seamounts
海克爾，恩斯特 Ernst Haeckel
海底擴張 sea-floor spreading
特有性 endemicity
特提斯洋道 Tethyan Seaway
祖徵 plesiomorphy
秘魯荒漠 Peruvian Desert
納布加博湖 Lake Nabugabo
納米比荒漠 Namib Desert
納斯卡板塊 Nazca Plate
索諾蘭荒漠 Sonoran Desert
馬切納島 Marchena Island
馬拉維湖 Lake Malawi
馬島蝟 Tenrecs
高地荒漠 Monte Desert
動物傳播 Zoochory
《寂靜的春天》*Silent Spring*
救援效應 Rescue effects
梅里厄姆，柯林頓・哈特 C. Hart Merriam
清除 defaunation
移民擇汰效應 immigrant selection
粗粒化 coarse-graned
莎湖次大陸 subcontinent of Sahul
莫哈韋荒漠 Mojave Desert
麥卡錫，丹尼斯 Dennis McCarthy

麥克阿瑟，羅伯特・赫爾默 Robert Helmer MacArthur
勞亞大陸 Laurasia
《博物學家》*Naturalist*
喀拉哈里荒漠 Kalahari Desert
喬丹，大衛・斯塔爾 David Starr Jordan
喬丹法則 Jordan's rule
惠特克，羅伯特・J Robert J. Whittaker
斯奈德－佩里格里尼，安東尼奧 Antonio Snider-Pelligrini
智人 Homo sapiens
欽博拉索山 Mount Chimborazo
無知地圖 maps of ignorance
華萊士，阿爾弗雷德・羅素 Alfred Russel Wallace
華萊士缺口 Wallacean shortfall
萊爾，查爾斯 Charles Lyell
費雷爾環流 Ferrel cell
費爾南迪納島 Fernandina Island
塔克拉瑪干荒漠 Taklimakan Desert
塔爾荒漠 Thar Desert
微觀演化 microevolution
慈鯛 cichlid
群落組成 community assembly
聖克里斯托巴爾島 San Cristobal Islands
裔徵 synapomorphy
跳島 island hopping
達爾文，查爾斯 Charles Darwin
圖形模型 graphical model
漸近線 asymptote
漸進法則 progression rule
福斯特，約翰・萊因霍爾德 Johan Reinhold Forster
赫斯，赫爾曼 Herman Hess
摩洛凱島 Molokai Island
摩洛凱島 Molokai Island
歐文，理查 Richard Owen
歐亞玫瑰雀 Eurasian rosefinch
盤古大陸 Pangaea
適應性輻射演化 adaptive radiation
適應區 adaption zone
歷史生物地理學 historical biogeography
盧特荒漠 Lut Desert
親生命性 biophilia
親緣地理學 phylogeography
霍塔爾，華金 Joaquin Hortal
戴蒙，賈德・M Jared M. Diamond
環境與地理的梯度模式 enviro-geographic gradients
魏格納，阿爾弗雷德・洛塔爾 Alfred Lothar Wegener
攜播 Phoresy
戀地性 philopatry
顯生宙 Phanerozoid Eon
《體質表》Tableau physique

參考資料與延伸閱讀

第一章——生物的多樣性與自然地理

Darwin, C. 1859. *On the Origin of Species by Means of Natural Selection or the Preservation of Favored Races in the Struggle for Life*. John Murray.

Ellis, E. C. 2018. *Anthropocene: A Very Short Introduction*. Oxford University Press.

Humboldt, A. von and A. Bonpland, 2009. *Essay on the Geography of Plants* (1807). Trans. S. Romanowski; ed. S. T. Jackson; accompanying essays and supplementary material by S. T. Jackson and S. Romanowski. University of Chicago Press.

Jackson, S. T. and L. D. Walls. 2014. *Views of Nature: Alezander von Humboldt*. University of Chicago Press.

Lomolino, M.V. B. R. Riddle, and R. Whittaker. 2017. *Biogeography*, 5th Edition. Sinauer Press.

Lomolino, M.V, D.F. F. Sax, and H. Brown (eds) 2004. *Foundations of Biogeography*. University of Chicago Press.

McCarthy D. 2009. *Here Be Dragons: How the Study of Animal and Plant Distributions Revolutionized our Views of Life and Earth*. Oxford University Press.

Wallace, A. R. 1876. *The Geographical Distribution of Animals*. 2 vols. Mac-

millan.
Wilson, E. O. 1994. *Naturalist*. Island Press.
Winchester, S. 2001. *The Map that Changed the World: William Smith and the Birth of Modern Geology*. Harper Collins.
Wulf, A. 2015. *The Invention of Nature: Alexander von Humboldt's New World*. Alfred A. Knopf.

第二章——動態地球以及動態地圖

Hess, H. H. 1962. History of ocean basins. In A. I. Engel, H. L. James, and B. F. Leonard (eds), *Petrological Studies: A Volume in Honor of A. F. Buddington*, 599-620. Geological S of America.
Martin, P.S. 1967. Prehistoric overkill. In P. S. Martin and H.E. Wright Jr (eds), *Pleistocene Extinctions: The Search for a Cause*, 75-120. Yale University Press.
Merriam, C. H. 1892. The geographical distribution of life in North America with special reference to the Mammalia. *Proceedings of the Biological Society of Washington* 7:1-64.
Pielou, E. C. 1991. *After the Ice Age*. University of Chicago Press.
Sandom, C., S. Faurby, B. Sandel, and J.-C. Svenning. 2014 Global late Quaternary megafauna extinctions linked to humans, not climate change. *Proceedings of the Royal Society* B 281 20133254. DOI: 10.1098/rspb.2013.3254.
Snider-Pellegrini, A. 1858. *La Création et ses mysteres*. Frank and Dentu.
Wegener, A. 1966. *The Origin of Continents and Oceans*. Dover Publications. [Translation of 1929 edition by J.Biram.]

第三章——物種多樣化的地理學

Brawand, D., et al. 2014. The genomic substrate for adaptive radiation in

African cichlid fish. *Nature* 513: 375-81. doi:10.1038/nature13726.

Fryer, G. and T. D. Iles. 1972. *The Cichlid Fishes of the Great Lakes of Africa: Their Biology and Evolution*. Oliver & Boyd.

Gillespie, R. G. 2015. Island time and the interplay between ecology and evolution in species diversification. *Evolutionary Applications* ISSN 1752-4571--doi:10.1111 /eva.12302.

Givnish, T.J., K.C. Millam, A. R. Mast, T. B. Paterson, T. K. Themi, A. L. Hipp, J. M. Henss, J. F Smith, K. R. Wood, and K. J.Sytsma. 2009. Origin, adaptive radiation and diversification of the Hawaiian lobeliads (Asterales: Campanulaceae). *Proceedings of the Royal Society B: Biological Sciences* 276: 407-16.

Goodman, S. M. and J. P. Benstead. 2004. *The Natural History of Madagascar*. University of Chicago Press.

Grant, P.R. 1986. *Ecology and Evolution of Darkin's Finches*. Princeton University Press.

Losos, J. B. and R. E. Ricklefs. 2009. Adaptation and diversification on islands. *Nature* 457:830-6.

Mittermeier, R. A. F. Hawkins, and E. E. Louis. 2010. *Lemurs of Madagascar*, 3rd Edition. Arlington, VA: Conservation International.

Wagner, W. L. and V. A. Funk (eds). 1995. *Hawaiian Biogeography: Evolution on a Hot Spot Archipelago*. Smithsonian Institution Press.

表 1 資料來源

Ali, J R. and M. Huber Mammalian biodiversity on Madagascar controlled by ocean currents. *Nature*. Nature Publishing Group. 463 (Feb. 4, 2010): 653-6. Bibcode:2010Natur.463.653A. doi:10.1038/nature08706.PMID 20090678. Retrieved Jan. 20, 2010.

Buerki, S., D. S. Devey, M. W. Callmander, P. B. Phillipson, and F. Forest.

2013. Spatio-temporal history of the endemic genera of Madagascar, *Botanical Journal of the Linnean Society* 171 (2) (February): 304-29, https://doi.org/10.11111/boj.12008.

Callmander, M. et al.(2011). The endemic and non-endemic vascular flora of Madagascar updated. *Plant Ecology and Evolution*. 144 (2): 121-5. doi:10.5091/plecevo.2011.513.

Gehring, P.-S., J. Kohler, A. Straub, R. D. Randrianiaina, J Glos, F. Glaw, and M. Vences. 2011. The kingdom of the frogs: anuran radiations in Madagascar. In F.E. Zachos and J. C. Habel *Biodiversity Hotspots*, DOI 10.1007/978-3-642-20.992-5_13, #Springer-Verlag.

Goodman, S. M. and J. P. Benstead. 2005. Updated estimates of biotic diversity and endemism for Madagascar. *Oryx* 39: 7.

Kinver; M. Mammals "floated to Madagagagacar". BBC News website. BBC. Retrieved Jan. 20, 2010.

Mittermeier, R. A., P. R. Gil, M. Hoffman, J. Pilgrim, T. Brooks, C.G. Mittermeier, J. Lamoreux, and G. A. B. da Fonseca 2004. *Hotspots Revisited*. Chicago University Press.

Mittermeier, R. A., F. Hawkins, and E. E. Louis. 2010. *Lemurs of Madagascar*, 3rd Edition. Conservation International.

Mittermeier, R., J. Ganzhorn, W. Konstant, K. Glander, I. Tattersall, C. Groves, A. Rylands, A. Hapke, J. Ratsimbazafy, M. Mayor. E. Louis, Y. Rumpler, C. Schwitzer, and R. Rasoloarison. 2008. Lemur diversity in Madagascar. *International Journal of Primatology* 29 (6): 1607-56.

Nagy, Z T, U. Joger, M. Wink, F. Glaw, and M. Vences. 2003. Multiple colonization of Madagascar and Socotra by colubrid snakes: evidence from nuclear and mitochondrial gene phylogenies. *Proceedings. Biological Sciences* 270 (1533): 2613-21.

Rakotondrainibe, F. 2003. Checklist of the pteridophytes of Madagascar. In

S. M. Goodman and J. P. Benstead (eds), *Natural History of Madagascar*, 295-313. Chicago University Press.

Raselimanana, A. P., B. Noonan, K. K. Praveen, J. Gauthier, and A. Yoder. 2008. Phylogeny and evolution of Malagasy plated lizards. *Molecular Phylogenetics and Evolution* 50:3336-44.10.1016/j.ympev.2008.10.004.

Raxworthy, C.J. 2003. Introduction to the reptiles. In S. M. Goodman and J. P. Benstead. *The Natural History of Madagascar*, 934-49. University of Chicago Press.

Samonds, K. E. 2012. Spatial and temporal arrival patterns of Madagascar's vertebrate fauna explained by distance, ocean currents, and ancestor type. *PNAS* 109 (April 3): 5352-7.

Stiassny, M. L. J. 1992. Phylogenetic analysis and the role of systematics in the biodiversity crisis. In N. Eldredge (ed.), *Systematics, Ecology and the Biodiversity Crisis*, 109-20. Columbia University Press.

The Reptile Database; Reptiles of Madagascar <http://reptile-database. reptarium.cz /advanced_search?location-Madadascar&submit Search>

Vieites, D.R., K. C. Wollenberg, F. Andreone, J. Köhler, F Glaw, and M. Vences. 2009. Vast underestimation of Madagascar's biodiversity evidenced by an integrative amphibian inventory. *Proceedings of the National Academy of Sciences* 106 (20): 8267-72.

第四章——追溯生物跨越時空的演化

Avise, J.C. 2000. *Phylogeography: The History and Formation of Species.* Harvard University Press.

Browne, J. 1983. *The Secular Ark: Studies in the History of Biogeography.* Yale University Press.

Cowie, R. H., K. A. Hayes, C.T. Tran, and W. M. Meyer, III. 2008. The horticultural industry as a vector of alien snails and slugs: widespread invasions in Hawaii. *International Journal of Pest Management* 54: 267-76.

Haeckel, E. 1876 (later editions in 1907, 1911). *The History of Creation, or, The Development of the Earth and its Inhabitants by the Action of Natural Causes: A Popular Exposition of the Doctrine of Evolution in General and of that of Darwin, Goethe and Lamarck in Particular*. D. Appleton.

Kreft, H. and W. Jetz. 2010. A framework for delineating biogeographical regions based on species distributions. *Journal of Biogeography* 37: 2029-53.

McKinney, M. and J. Lockwood (eds). 2001. *Biotic Homogenization: The Loss of Diversity through Invasion and Extinction*. Kluwer Academic/Plenum Publishers.

Poulakakis, N., M. Russello, D. Geist, and A. Caccone. 2012. Unravelling the peculiarities of island life: vicariance, dispersal and the diversification of the extinct and extant giant Galápagos tortoises. *Molecular Ecology* 21: 160-73.

Sax, D. F., J. J. Stachowicz, and S. D. Gaines. 2005. *Species Invasions: Insights into Ecology, Evolution and Biogeography*. Sinauer Associates.

Shapiro, L. H., J. S. Strazanac, and G.K. Roderick 2006. Molecular phylogeny of Banza (Orthoptera: Tettigoniidae), the endemic katydids of the Hawaiian Archipelago. *Molecular Phylogenetics and Evolution* 41: 53-63.

Takhtajan, A. 1986. *Floristic Regions of the World*. University of California Press.

Wallace, A.R. 1876. *The Geographical Distribution of Animals*. 2 volumes. Macmillan.

第五章——生物多樣性的地理學

Diamond, J. M. 1975. Assembly of species communities. In M. L. Cody and J. M. Diamond (eds), *Ecology and Evolution of Communities*, 342-444.

Belknap Press.
Forster, J. R. 1778. *Observations Made during a Voyage Round the World, on Physical Geography, Natural History and Ethic Philosophy*. G. Robinson.
Heaney, L. R. and J. Regalado. 1998. *Vanishing Treasures of the Philipipine Rainforests*. University of Chicago Press.
Lomolino, M.V. 2000. Ecology's most general, yet protean pattern: the species-area relationship. *Journal of Biogeography* 27: 17-26.
MacArthur, R. H. and E. O. Wilson. 1967. *The Theory of Island Biogeography*. Princeton University Press.
Mutke, J. and W. Barthlott. 2005. Patterns of vascular plant diversity at continental to global scales. *Biologiske Skrifter* 55: 521-31.
Schipper, J. and 129 others. 2008. The status of the world's land and marine mammals: diversity, threat and knowledge. *Science* 322: 225-30. doi: 10.1126/ science.1165115.
Simberloff, D. S. and E. O. Wilson. 1969. Experimental zoogeography of islands: the colonization of empty islands. *Ecology* 50: 278-96.
Simberloff, D.S. and E. O. Wilson. 1970. Experimental zoogeography of islands: a two-year record of colonization. *Ecology* 51: 934-7.
Whittaker. R. J. and J. M. Fernández-Palacios. 2007. *Island Biogeography: Ecology, Evolution, and Conservation*, 2nd Edition. Oxford University Press.
Whittaker, R. J., K. A. Triantis, and R. J. Ladle. 2008. A general dynamic theory of oceanic island biogeography. *Journal of Biogeography* 35: 977-94.
Wilson,E. O. 1986. *Biophilia*. Harvard University Press.

第六章——巨觀生態學與微觀演化的地理學

Allen, J. A. 1878. The influence of physical conditions in the genesis of species. *Radical Review* 1: 108-40.

Bergmann, C. 1847. Über die Verhältnisse der Wärmeökonomie der Thiere zu ihren Grösse. *Göttinger Studien* 1: 595-708.

Brown, J. H. 1995. *Macroecology*. University of Chicago Press.

Carlquist, S. 1974. *Island Biology*. Columbia University Press.

Gloger, C. L. 1883. *Das Abandern der Vogel durch Einfluss des Klimas*. A. Schulz.

Jordan, D. S. 1891. *Temperature and Vertebrae: A Study in Evolution*. Wilder-Quarter Century Books.

Rapoport, E. H. 1982. *Areography: Geographical Strategies of Species*. Pergamon Press.

第七章——人類在地理及生態方面的演進

Bellwood, P.(ed.) 2013. *The Global Prehistory of Human Migration*. Wiley-Blackwell.

Finlayson, C. 2005. Biogeography and evolution of the genus Homo. *Trends in Ecology and Evolution* 20: 457-63.

Hortal J., D. Rocchini, S. Lengyel, J. M. Lobo, A. Jiménez-Valverde, C. Ricotta, G. Bacaro, and A. Chiarucci. 2011. Accounting for uncertainty when mapping species distributions: the need for maps of ignorance. *Progress in Physical Geography* 35: 221-6.

Howells, W. 1973. *The Pacific Islanders*. Weidenfeld and Nicolson.

Oppenheimer, C. 2003. *Out of Eden: The Peopling of the World*. Constable.

Terrell, J. 1986. *Prehistory in the Pacific Islands: A Study of Variation in Language, Customs and Human Biology*. Cambridge University Press.

Wilson, E. O. 1999. Prologue. In G. Daws and M. Fujita (eds), *Archipelago: The Islands of Indonesia*. University of California Press.

左岸科學人文　394

生物地理學 牛津非常短講013

Biogeography A Very Short Introduction

作　　者　馬克・洛莫利諾（Mark V. Lomolino）
譯　　者　游旨价
總 編 輯　黃秀如
責任編輯　林巧玲
特約編輯　劉佳奇
行銷企劃　蔡竣宇
封面設計　日央設計

出　　版　左岸文化／左岸文化事業有限公司
發　　行　遠足文化事業股份有限公司（讀書共和國出版集團）
　　　　　231新北市新店區民權路108-2號9樓
電　　話　（02）2218-1417
傳　　真　（02）2218-8057
客服專線　0800-221-029
E-Mail　rivegauche2002@gmail.com
左岸臉書　facebook.com/RiveGauchePublishingHouse
法律顧問　華洋法律事務所　蘇文生律師
印　　刷　呈靖彩藝有限公司
初版一刷　2025年6月

定　　價　400元
I S B N　978-626-7462-57-7（平裝）
　　　　　978-626-7462-64-5（EPUB）

生物地理學：牛津非常短講. 13／
馬克・洛莫利諾（Mark V. Lomolino）著；游旨价譯.
－初版.－新北市：左岸文化：遠足文化事業股份有限公司發行，2025.06
　面；　公分.（左岸科學人文；394）
譯自：Biogeography : a very short introduction
ISBN　978-626-7462-57-7（平裝）
1.CST: 生物地理學
366　　　　　　　　　　　　114005360